高等学校信息安全专业"十三五"规划教材

C#软件系统开发实践

主 编 李 军
副主编 张 震 魏 彬

西安电子科技大学出版社

内容简介

本书以提高读者的实践能力为出发点，通过通俗易懂的语言、详尽的操作步骤、丰富多彩的内容，详细介绍了软件系统开发过程中各个方面的细节。

本书分为 6 章，内容包括实践环境搭建、系统需求分析与概要设计、数据库设计与实现、主程序设计与实现、业务功能模块设计与实现、安全性设计与实现等。所有内容都贯穿整个软件系统的设计与实现过程，涉及的程序代码都给出了详尽的注释，使读者可以轻松掌握整个开发过程。

本书可作为高等学校计算机类专业或信息类相关专业的教材，也可供从事计算机工程与应用工作的科技工作者参考。

图书在版编目(CIP)数据

C#软件系统开发实践 / 李军主编. —西安：西安电子科技大学出版社，2019.8
ISBN 978-7-5606-5416-4

Ⅰ. ①C… Ⅱ. ①李… Ⅲ. ①C 语言—程序设计—高等学校—教材 Ⅳ. ①TP312.8

中国版本图书馆 CIP 数据核字(2019)第 157430 号

策划编辑　刘玉芳　毛红兵
责任编辑　师　彬　阎　彬
出版发行　西安电子科技大学出版社(西安市太白南路 2 号)
电　　话　(029)88242885　88201467　　　　邮　编　710071
网　　址　www.xduph.com　　　　　　　　电子邮箱　xdupfxb001@163.com
经　　销　新华书店
印刷单位　陕西天意印务有限责任公司
版　　次　2019 年 8 月第 1 版　　2019 年 8 月第 1 次印刷
开　　本　787 毫米×1092 毫米　1/16　印　张　12.875
字　　数　301 千字
印　　数　1～3000 册
定　　价　30.00 元
ISBN 978 - 7 - 5606 - 5416 - 4 / TP
XDUP　5718001-1
如有印装问题可调换

前 言

软件系统开发是一项复杂而富于创造性的工作，它需要开发人员不仅掌握各方面的知识，还要具备丰富的开发经验及创造性的编程思维。为使读者在前期掌握专业理论知识的基础上能动手开发实际应用系统，我们编写了本书。本书的读者应当具备C#编程语言基础，并且了解软件工程的基本流程。

全书分6章，内容包括：第1章为实践环境搭建，介绍开发过程中需要用到的开发环境和插件；第2章为系统需求分析与概要设计，从软件工程角度进行系统层面的设计；第3章为数据库设计与实现，介绍数据库管理系统的操作与具体数据库的设计；第4章为主程序设计与实现，介绍应用程序的主体框架；第5章为业务功能模块设计与实现，包含政治工作模块、业务工作模块、装备管理模块、即时通信模块等内容，是本书的核心内容；第6章为安全性设计与实现，包含访问控制、加解密、数字水印、隐蔽通信等信息安全领域传统及前沿功能，是本书的特色内容。

本书紧密贴合实际应用，利用C#语言，以中队管理信息系统开发为需求背景，从开发环境搭建、系统需求分析与概要设计、数据库设计与实现、业务功能模块设计与实现、安全性设计与实现（包含访问控制、加解密、数字水印、隐蔽通信等信息安全领域知识）等方面进行详细的阐述。本书最大的特点是不仅从宏观上介绍中队管理信息系统应具备的功能，而且详细介绍每一个开发细节，力争使读者学习完本书即可快速开发原型系统。

本书由武警工程大学李军任主编，张震、魏彬任副主编。其中，李军老师负责编写第3章～第6章；张震老师负责编写第2章，并对全书进行了统稿；魏彬老师负责编写第 1 章,并对全书的案例进行了大量的测试验证工作。在本书的编写过程中,得到了西安电子科技大学出版社的大力支持,在此表示衷心的感谢。

由于本书涉及大量代码与注释,加之编者水平有限,书中难免有不妥之处,敬请读者批评指正。

编 者

2019 年 4 月

目　录

第1章　实践环境搭建 1
1.1　数据库环境搭建 1
1.1.1　Microsoft SQL Server 2017 环境搭建 1
1.1.2　Microsoft SQL Server Management Studio 17 环境搭建 12
1.2　集成开发环境搭建 13
1.2.1　下载 Visual Studio Community 2017 离线安装包 13
1.2.2　Visual Studio Community 2017 离线安装 15

第2章　系统需求分析与概要设计 16
2.1　系统需求分析 16
2.1.1　总体需求分析 16
2.1.2　系统功能性需求分析 17
2.1.3　系统非功能性需求分析 20
2.2　系统概要设计 21
2.2.1　系统总体概要设计 22
2.2.2　各子功能模块概要设计 22

第3章　数据库设计与实现 28
3.1　数据库设计相关规范 28
3.2　数据库设计 29
3.2.1　主要实体属性图 29
3.2.2　数据库表设计 31
3.2.3　数据库视图设计 34

3.3 数据库实现 36
3.3.1 在 SQL Server 中建立数据库 36
3.3.2 在 SQL Server 中建立数据库表 37
3.3.3 在 SQL Server 中建立视图 46
3.3.4 在 SQL Server 中为数据库填充数据 47

第 4 章 主程序设计与实现 48
4.1 建立应用程序项目 48
4.2 主窗体程序 50
4.2.1 主窗体菜单 52
4.2.2 左侧导航条菜单 53
4.2.3 底部状态栏 55
4.2.4 主窗体事件 57
4.2.5 通用模块设计 59
4.2.6 数据库访问模块设计 64
4.3 DevExpress 控件安装 67
4.3.1 DevExpress 下载 68
4.3.2 DevExpress 离线安装 68

第 5 章 业务功能模块设计与实现 71
5.1 政治工作模块设计与实现 71
5.1.1 人力资源管理功能 71
5.1.2 党团员实力管理功能 97
5.1.3 政策文档显示功能 104
5.2 业务工作模块设计与实现 114
5.2.1 值班安排功能 114
5.2.2 政策文档显示功能 114
5.3 装备管理模块设计与实现 114
5.3.1 装备器材管理功能 115
5.3.2 政策文档管理功能 128
5.4 即时通信功能设计与实现 128
5.4.1 建立基本类 128
5.4.2 建立窗体界面类 142

第6章 安全性设计与实现 ... 161
6.1 访问控制功能设计与实现 ... 161
6.1.1 用户登录 ... 161
6.1.2 管理用户操作权限 ... 165
6.2 文档加解密功能设计与实现 ... 166
6.2.1 建立窗体 ... 167
6.2.2 加密功能 ... 168
6.2.3 解密功能 ... 173
6.3 防伪认证与版权保护功能设计与实现 ... 177
6.3.1 建立窗体 ... 177
6.3.2 嵌入水印 ... 178
6.4 多媒体隐蔽通信设计与实现 ... 185
6.4.1 建立窗体 ... 185
6.4.2 信息嵌入功能 ... 186
6.4.3 信息提取功能 ... 193

参考文献 ... 198

第1章 实践环境搭建

1.1 数据库环境搭建

本数据库管理系统采用微软 Microsoft SQL Server 2017,该系统默认没有可视化界面,还需要安装一个配套的可视化的操作界面软件 MicroSoft SQL Server Management Studio 17。本节介绍这两个软件的环境搭建。

1.1.1 Microsoft SQL Server 2017 环境搭建

SQL Server 2017 有许多版本,其中 SQL Server 2017 Developer 是一个全功能免费版本,许可在非生产环境下用作开发和测试数据库。本系统采用此版本进行教学开发。

(1) 进入微软官方网站 https://www.microsoft.com/zh-cn/sql-server/sql-server-downloads,选择"Developer 版本",如图 1-1 所示,点击"立即下载"进入下载界面,如图 1-2 所示。

图 1-1 微软官网下载界面

图 1-2　SQL Server 2017 Developer 下载

(2) 在这里下载得到的 SQLServer2017-SSEI-Dev.exe 并不是完整的应用程序，而是安装工具，还需要继续下载，于是运行 SQLServer2017-SSEI-Dev.exe 程序进入 SQL Server 2017 的安装向导界面，如图 1-3 所示。此处有三个选项，"基本"、"自定义"选项可以在线下载 SQL Server 2017 并直接进行安装，而"下载介质"可以立即下载 SQL Server 安装程序文件，并在稍后或其他机器上进行安装，比较适用于无大流量网络环境的需求。

图 1-3　SQL Server 2017 安装向导

(3) 选择"下载介质"选项，进入图 1-4 所示的下载介质界面，再选择语言为简体中文，选择 ISO 映像介质，选择下载地址后即可点击"下载"按钮进行下载，得到安装文件 SQLServer2017-x64-CHS-Dev.iso。如果本机电脑无网络，可以从其他位置复制此安装文件继续进行下面的安装过程。

第 1 章　实践环境搭建

图 1-4　下载 SQL Server 2017 安装介质

(4) 使用 WinRAR 等解压缩文件将 SQLServer2017-x64-CHS-Dev.iso 解压，得到如图 1-5 所示的文件。

图 1-5　解压缩 SQL Server2017-x64-CHS-Dev 安装介质

(5) 运行 setup.exe，进入安装程序界面，如图 1-6 所示。

图 1-6　SQL Server 2017 安装向导

(6) 点击左侧的"安装",如图 1-7 所示,然后点击右侧的"全新 SQL Server 独立安装或向现有安装添加功能",进入图 1-8 所示的界面,不勾选"使用 Microsoft Update 检查更新(推荐)"。

图 1-7　SQL Server 2017 安装过程(1)

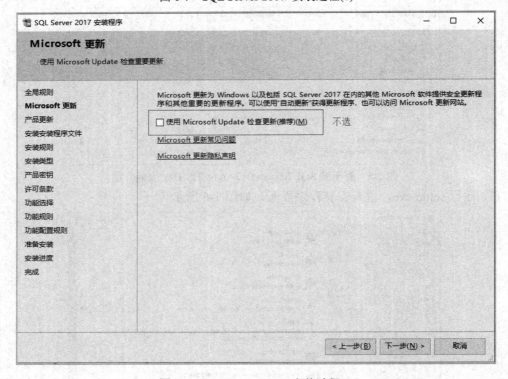

图 1-8　SQL Server 2017 安装过程(2)

(7) 进入图 1-9 所示的界面,安装程序进行自检,如无问题,点击"下一步",进入图 1-10 所示的界面,选择"执行 SQL Server 2017 的全新安装",进入图 1-11 所示界面。

第 1 章　实践环境搭建

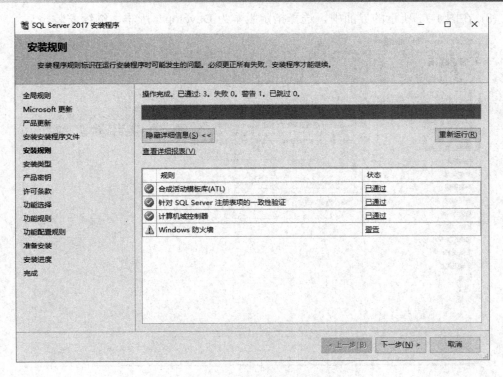

图 1-9　SQL Server 2017 安装过程(3)

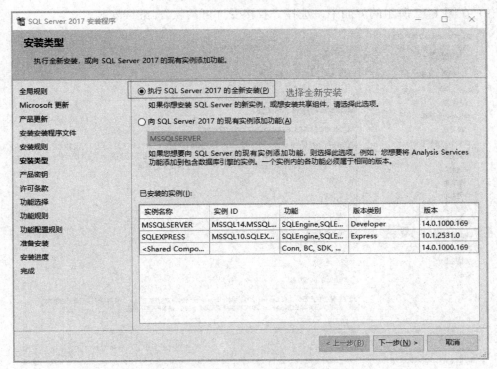

图 1-10　SQL Server 2017 安装过程(4)

(8) 在图 1-11 所示的界面中，选择指定版本为 Developer 版本，继续安装。

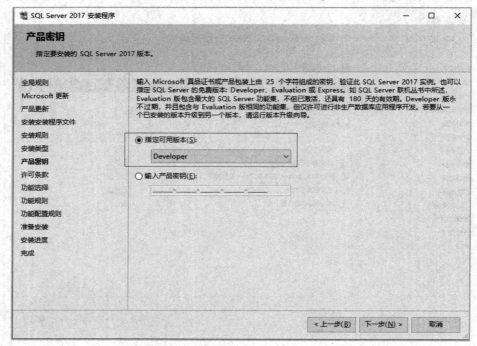

图 1-11　SQL Server 2017 安装过程(5)

(9) 在图 1-12 所示的界面中，选择"我接受许可条款"，继续安装。

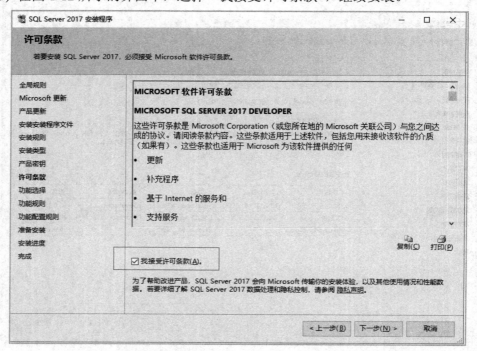

图 1-12　SQL Server 2017 安装过程(6)

(10) 在图 1-13 所示的界面中，选择需要安装的功能。这里选择安装的内容可参考图 1-14，然后按照图 1-15～图 1-22 所示的过程，依次完成安装。

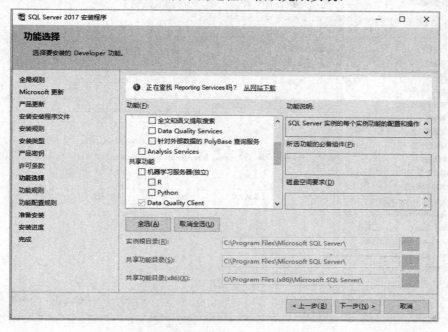

图 1-13 SQL Server 2017 安装过程(7)

图 1-14 SQL Server 2017 安装过程(8)

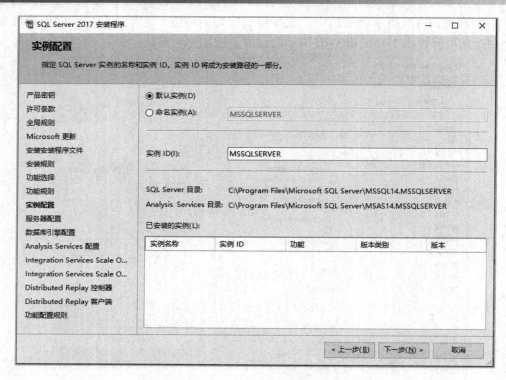

图 1-15　SQL Server 2017 安装过程(9)

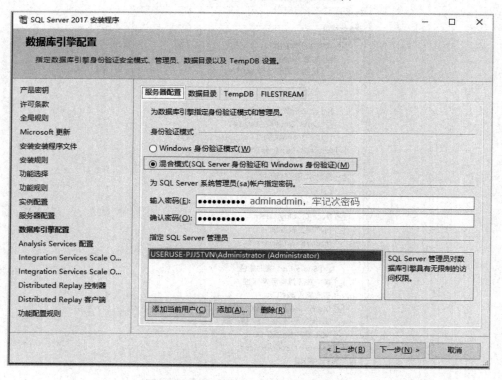

图 1-16　SQL Server 2017 安装过程(10)

第 1 章 实践环境搭建

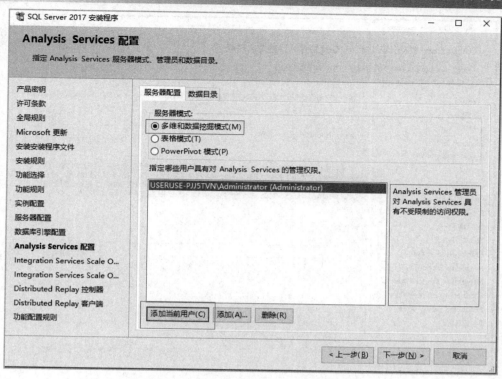

图 1-17 SQL Server 2017 安装过程(11)

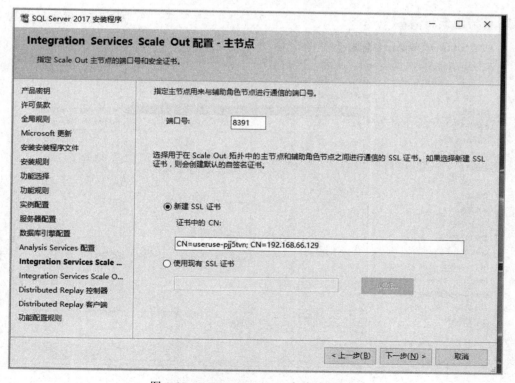

图 1-18 SQL Server 2017 安装过程(12)

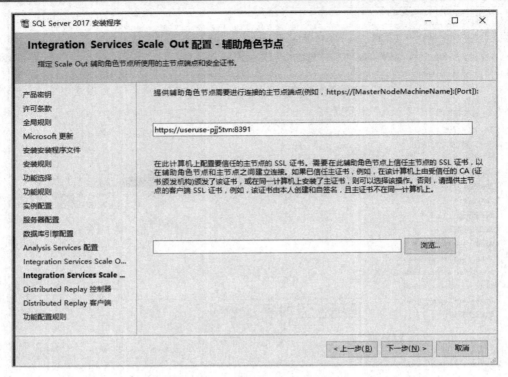

图 1-19　SQL Server 2017 安装过程(13)

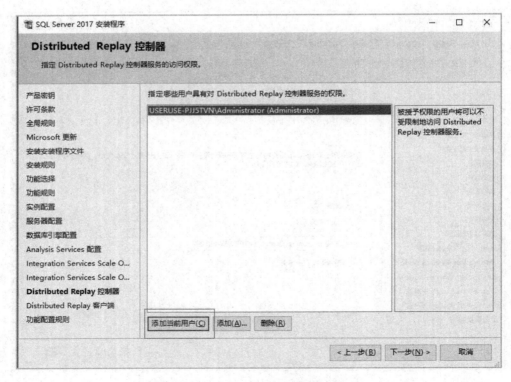

图 1-20　SQL Server 2017 安装过程(14)

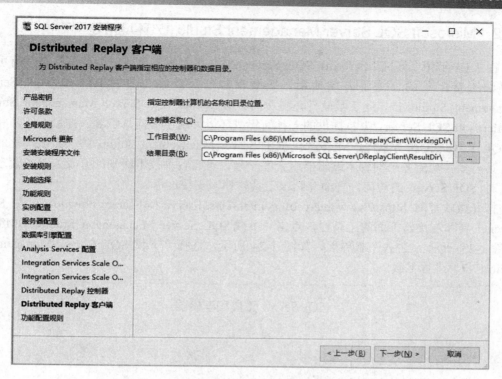

图 1-21 SQL Server 2017 安装过程(15)

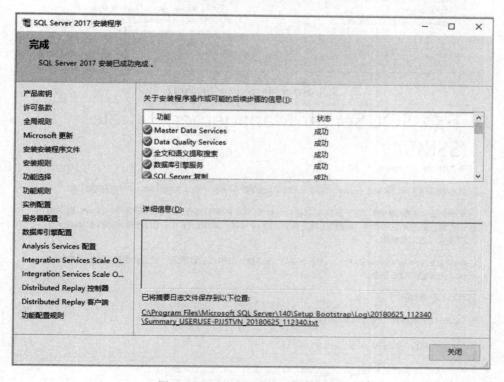

图 1-22 SQL Server 2017 安装完成

1.1.2　Microsoft SQL Server Management Studio 17 环境搭建

在 1.1.1 节中安装完 Microsoft SQL Server 2017 数据库管理系统后，默认是没有可视化界面连接工具的，为了方便使用，需要单独安装连接工具 Microsoft SQL Server Management Studio 17，此工具软件是免费的。Microsoft SQL Server Management Studio 是 Microsoft SQL Server 2017 提供的一种新集成环境，用于访问、配置、控制、管理和开发 SQL Server 的所有组件。Microsoft SQL Server Management Studio 将一组多样化的图形工具与多种功能齐全的脚本编辑器组合在一起，可为各种技术级别的开发人员和管理员提供对 SQL Server 的访问。下面介绍该工具软件的安装过程。

打开微软官网 https://www.microsoft.com/zh-cn/sql-server/sql-server-download，在 SQL Server 工具和连接器下面的工具栏，点击"下载 SQL Server Management Studio(SSMS)"（如图 1-23 所示），进入下载界面，如图 1-24 所示，选择"下载 SQL Server Management Studio 17.7"进行下载。

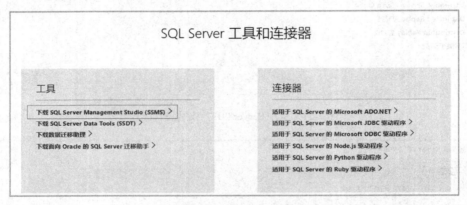

图 1-23　SQL Server Management Studio 17 下载(1)

图 1-24　SQL Server Management Studio 17 下载(2)

下载后得到 SSMS-Setup-CHS.exe 应用程序，按照默认方式安装即可，在此不再赘述。安装完成后，在操作系统开始菜单中的程序列表处可以看到所安装的 SQL Server Management Studio 17 应用程序，具体使用方法将在后文介绍。

1.2 集成开发环境搭建

开发 C#推荐使用微软产品 Visual Studio 2017(VS2017)，它有多个版本，其中社区版 Visual Studio Community 2017 是免费的，可以在微软官网 https://www.visualstudio.com/zh-hans/downloads/下载。不过由于 VS2017 采用了新的模块化安装方案，所以微软官方并未提供 ISO 镜像，但是官方提供了如何进行离线下载的方案给需要进行离线安装的用户。

1.2.1 下载 Visual Studio Community 2017 离线安装包

在微软官网 https://www.visualstudio.com/zh-hans/downloads/(如图 1-25 所示)选择"Visual Studio Community 2017"下载，得到 vs_community_1076236559.1520600277.exe 程序(不同时间下载的版本不尽相同)，该文件是一个下载引导程序，如果有网络支持，可以根据该引导程序直接安装 Visual Studio 2017。考虑到网络的不稳定性，这里介绍离线下载安装包的方法。

图 1-25 Visual Studio 2017 官网下载

（1）假设 vs_community_1076236559.1520600277.exe 文件所在目录为 D:\download，如图 1-26 所示。在 Windows 开始菜单上单击右键，点击"搜索"，输入"cmd"，找到"命令提示符"，然后在"命令提示符"上单击右键，选择以管理员方式运行，如图 1-27 所示。

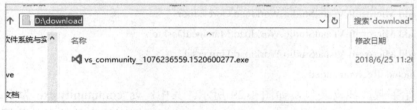

图 1-26 所在目录

图 1-27　打开命令提示符

(2) 在命令提示符界面，需要让当前操作目录进入 vs_community_1076236559.1520600277.exe 所在的文件夹，即"D:\download"，方法为：首先输入"d:"进入 D 盘，然后输入"cd download"进入该文件夹，如图 1-28 所示。

图 1-28　调整操作目录

(3) 在命令行中输入以下命令：

  vs_community.exe --layout d:\vs2017_Offline_community_download

  --langzh-CN

  --add Microsoft.VisualStudio.Workload.CoreEditor

  --add Microsoft.VisualStudio.Workload.ManagedDesktop

  --add Microsoft.VisualStudio.Workload.Universal

  --includeRecommended

(4) 开始下载离线安装包，如图 1-29 所示。其中：vs_community.exe 为下载引导程序名；--layout d:\vs2017_Offline_community_download 表示下载文件的存放位置；--langzh-

CN 表示下载中文版本；--add Microsoft.VisualStudio.Workload.CoreEditor 表示下载 VS 的核心库；--add Microsoft.VisualStudio.Workload.ManagedDesktop 表示下载.NET 桌面开发组件；--add Microsoft.VisualStudio.Workload.Universal 表示下载通用 Windows 平台开发组件；--includeRecommended 表示以上组件中，除了必要的核心子组件外，还下载推荐安装的子组件。耐心等待一段时间，即可完成下载。

图 1-29　开始下载

1.2.2　Visual Studio Community 2017 离线安装

Visual Studio Community 2017 离线安装步骤如下：

（1）下载完安装程序后，首先找到 certificates 文件夹，按照默认方式安装里面的三个证书即可，无需修改设置。

（2）运行 vs_setup.exe 安装程序(注意：此时需要断开互联网，否则该程序会自动下载，更新耗费时间较长)，在安装组件选择步骤，按图 1-30 所示勾选，其余步骤按照默认的设置即可完成安装。

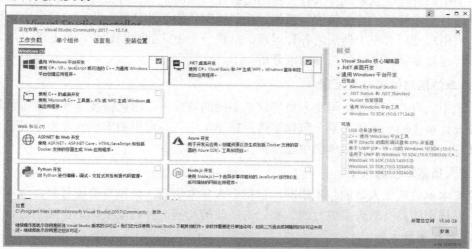

图 1-30　选择 VS2017 安装组件

第 2 章　系统需求分析与概要设计

本章将具体介绍中队管理信息系统的需求分析和概要设计，这是系统具体设计的基础，具有十分重要的作用。

2.1　系统需求分析

需求分析和架构是成功实施一个管理系统的基础，只有弄清楚用户的真实需求，才能开发出满足用户需要的信息系统，也才能够真正让整个系统发挥其相应的作用。大多数用户对业务比较精通，但对软件了解不多，而软件开发人员对业务短时间内也难以完全掌握，因此，需求分析和架构工作是一个不断认识和逐步细化的过程。需求分析和架构所要做的工作是深入描述系统的功能和性能，确定系统设计的限制和系统同其他系统元素的接口描述，定义系统的其他有效性需求。

2.1.1　总体需求分析

由于中队管理信息系统要求有较强的隐蔽性，因而系统要对自己的用户进行很好的权限设计，其他未授权用户无权进行操作。系统要有维护帮助功能，为用户提供有用信息，及时解决用户使用过程中遇到的各种问题。虽然一个中队的编制较少，但是涉及的具体事务较多，也较复杂。系统的总体需求分析如下。

1. 单位信息的建立与管理

一个中队有若干人员，每个人员挂靠在不同的班排里，因此需要合理设置单位管理，而且要设计单位的上下级关系，班属于排，排属于中队。常用的单位管理操作应包含单位新增管理、单位变更管理、单位信息维护及查询等。

2. 人员基本信息采集

采集本单位所属人员的基本情况，包括个人基本信息、公民身份证号码、级别等相关数据。系统应该具有对人员进行增、删、查、改的功能，并且能依据单位类别进行分类。

3. 装备信息采集

获取与中队业务相关的所有装备信息，应该具有增、删、查、改的功能。

4. 即时通信功能设计

在中队管理信息系统中设置该功能,可以开展即时通信,互相发送消息、文件等。

5. 加解密设计

由于本系统存在保密性需求,因此对需要发送的信息进行加解密可以保证信息安全。

6. 水印与隐蔽通信

通信安全的实现主要通过加密来实现,但是密码的不可破译度是靠不断增加密钥的长度来提高的。随着计算机计算能力的迅速增长,密码的安全性始终面临着新的挑战,尤其是量子计算机的发展对目前基于时间复杂度的密码学安全性提出了新的挑战。信息隐藏是信息安全领域的一个重要分支,主要包括水印与隐蔽通信,近年来得到了广泛的关注与发展。在本系统中引入信息隐藏中的水印技术,可以对消息进行版权认证;引入隐蔽通信,可以将接收双方正在通信这一事实隐藏起来,从而达到安全通信的目的。

7. 系统权限管理与访问控制

系统的访问需要区分不同的用户权限,管理员用户拥有最高权限,而普通用户对于某些政策性文件、正式文档等只拥有查看的权限。

根据上述分析,中队管理信息系统的总体功能需求如图 2-1 所示。

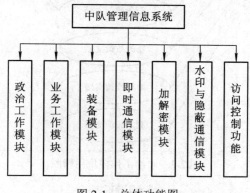

图 2-1 总体功能图

2.1.2 系统功能性需求分析

本节将分别对系统的各个功能子模块进行需求分析。

1. 政治工作模块

政治工作模块用例图如图 2-2 所示,系统管理员可以分别对人力资源信息、政治实力信息以及政策文档信息进行增、删、查、改的常规操作,而普通用户只能对人力资源信息、政治实力信息以及政策文档信息进行查看操作。

2. 业务工作模块

业务工作模块用例图如图 2-3 所示,系统管理员可以对值班安排进行增、查、改,并对有关业务工作的政策文档进行增、删、查、改等操作,而普通用户只可以查看值班安排和相关政策文档。

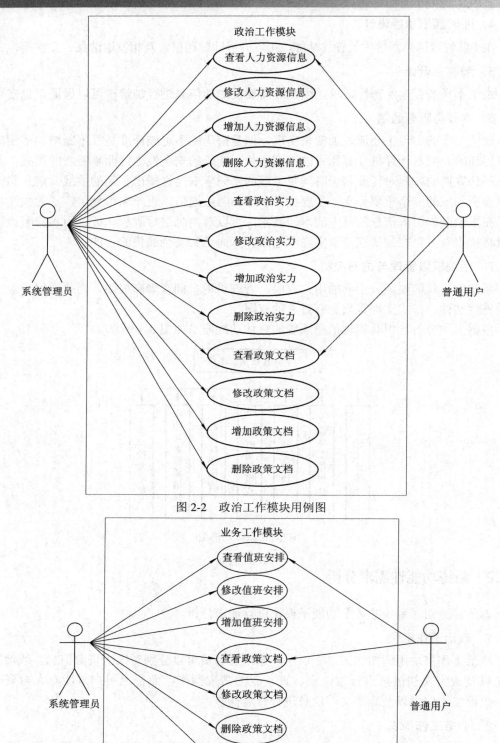

图 2-2 政治工作模块用例图

图 2-3 业务工作模块用例图

3．装备模块

装备模块用例图如图 2-4 所示，系统管理员可以进行装备的增、删、查、改等操作，而普通用户可以查看装备情况和政策文档。

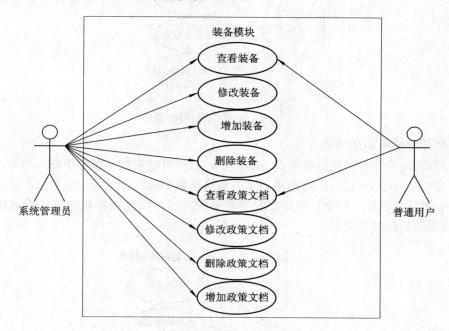

图 2-4　装备模块用例图

4．即时通信模块

即时通信模块用例图如图 2-5 所示，用户可以向在线的其他用户发送信息、接收即时文本信息，而且可以发送和接收文档。

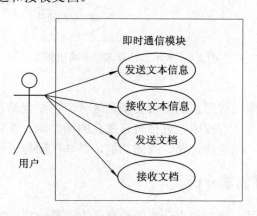

图 2-5　即时通信模块用例图

5．加解密模块

加解密模块用例图如图 2-6 所示，用户可以对文本信息加密和解密，并且可以自由地选择不同的算法，然后通过安全的信道分享密钥，实现保密通信。

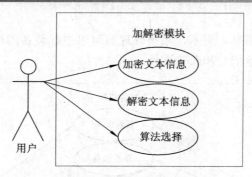

图 2-6　加解密模块用例图

6．水印与隐蔽通信模块

水印与隐蔽通信模块用例图如图 2-7 所示，用户可以在数字图片中嵌入水印，实现版权认证。发送方用户可以自由地选择一定的算法在数字图片中嵌入秘密信息，然后通过公开信道传输给接收方；接收方用户接收到载密图片后，可以根据相应算法提取出秘密信息，达到隐蔽通信的目的。

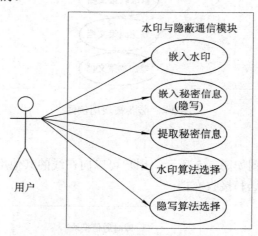

图 2-7　水印与隐蔽通信模块用例图

7．访问控制功能

系统的访问控制功能通过用户的身份类型来区分，主要包括系统管理员和普通用户两种类型。系统管理员拥有所有权限，包括所有信息的增、删、查、改等操作；普通用户一般具有查看信息的功能，没有增、删、改的功能，具体权限与上述各子功能模块一致。

2.1.3　系统非功能性需求分析

非功能性需求分析是对功能需求分析的补充，主要是分析本系统的各种限制和用户对软件系统的质量要求。下面是本系统的非功能性需求分析。

1．可靠性

中队管理信息系统采用 C/S(客户端/服务器)的结构来实现，就是为了满足用户能够在中队的电脑终端上使用本系统的所有功能。

2．健壮性

系统的健壮性测试主要是在迎合了当前的系统设计和提供的有效性测试基础上，对系统本身提供的应急计划、各个关键步骤采用的事务处理的方式以及输入的界面等进行具体的容错机制上的处理。这样，能够保障当前的系统更加具有可行性和健壮性，从而保障系统的正常稳定性。

3．性能

一般中队管理信息系统的规模在几十人左右，规模不大，同时在线的人数也不会太多，因此本系统应该在普通 PC 上易用即可，对性能要求不是很高。

4．安全保密性

由于中队管理信息系统涉及内部资料，所以安全性非常重要，尤其是一些实力信息更为重要，不能随意被修改，更不能随意被外网所访问。因此，本系统的运行环境应该是独立的内网，并与互联网物理隔离。

5．运行环境分析

中队管理信息系统运行于局域网中，需要的运行环境包括硬件环境、软件环境和网络环境。

(1) 硬件环境：主流台式机或笔记本电脑。

(2) 软件环境：Windows 7 或者以上操作系统，SQL Server 2017 Express 版本数据库管理系统以及相对应的 SQL Server Management Studio 配置管理系统。

(3) 网络环境：中队管理信息系统内部所有计算机采用局域网实现互联，特别注意由于本系统中有即时通信子模块，因此计算机的防火墙要允许本系统通过。

2.2 系统概要设计

本阶段在系统的需求分析研究的基础上，对中队管理信息系统做概要设计。该阶段正式进入了实际开发阶段，它的目的就是进一步细化软件设计阶段得出的软件总体概貌，把它加工成在程序细节上非常接近于源程序的软件表示。概要设计说明书主要解决了实现本系统需求的程序模块设计问题，包括如何把本系统划分成若干个模块、决定各个模块之间的接口、模块之间传递的信息以及数据结构、模块结构的设计等。在以下的概要设计报告中将对在本阶段中对系统所做的所有的概要设计进行详细的说明。

在下一阶段的详细设计中，程序设计员可参考此概要设计报告，在概要设计中对中队管理信息系统所做的模块设计的基础上，对系统进行详细设计。在以后的软件测试以及软件维护阶段也可参考此说明书，以便于了解在概要设计过程中所完成的各模块设计结构，或在修改时找出在本阶段设计中的不足或错误。

中队管理信息系统的概要设计从总体和功能模块两个部分体现，其中总体部分概要设计介绍了整个系统的大致设计框架，功能模块概要设计介绍了中队管理信息系统中 7 个主要模块的设计概念。

2.2.1 系统总体概要设计

1. 系统设计原则

(1) 可靠性原则。从上文中的需求分析可以看到，中队管理信息系统需进行系统性和整体性的阐述，这样才能够保障当前的系统设计过程和原则的体现过程之间拥有一定的功能性和有效性。所以，在进行适当的分析过程中，需要结合当前的系统呈现能力和分析过程，对当前的系统设计过程体现出更加高效的可靠性实施。这样才能够保障当前的系统设计能够更好地应用在当前办公的实践过程中。

(2) 安全性原则。系统在设计过程中，采用的架构技术和语言技术都需要进行严格的审核，通过对当前的安全性技术上的整体体现，能够进一步体现出对整体系统设计过程中的应用效果。同时，为了能够推进当前系统设计上的有效性，需要进一步呈现出系统本身的作用，以便能够应用在未来的系统运行过程中。

(3) 可拓展性原则。本着经济节约、长远发展的原则体现，在进行系统设计的过程中，需要针对当前不同功能的实现进行适当的设计和分析，能够凸显出一套适用于未来的技术并且有助于拓展的一种接口技术。这样才能够保障当前的系统设计过程中更加具有可拓展性，为未来系统进一步完善的过程奠定基础。

(4) 节约原则。从系统开发到最终的实现，需要结合计算机技术的项目管理推进，在这样的情况下，能够体现出当前系统的有效性，推进整体系统在具体发展过程中拥有一定的系统设计的原则性体现，也将会进一步呈现出整个系统呈现出来的节约原则，为后期的实现过程和具体的呈现能力提供有效的保障。

2. 系统总体架构

中队管理信息系统采用 C/S 结构，在整个中队局域网中，只需要一台计算机安装 SQL Server 数据库管理系统，而其他计算机通过网络连接这个数据库服务器，并且网络中应该配置有打印机用于打印报表等信息。所有计算机需要安装本系统。系统总体架构图如图 2-8 所示。

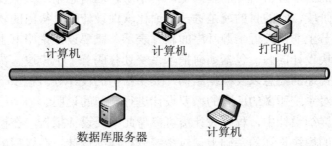

图 2-8　系统总体架构图

系统采用主流的 C# Winform 开发。

2.2.2 各子功能模块概要设计

本节将分别对系统的各个功能子模块进行概要设计，包括政治工作模块、业务工作模块、装备模块、即时通信模块、加解密模块、水印与隐蔽通信模块、访问控制功能等。

1．政治工作模块

政治工作模块主要是对人力资源信息、政策文档、党团员实力等信息进行管理。系统管理员用户可以对以上信息进行增、删、查、改，普通用户只能进行查阅。

用户申请登录以后，首先验证用户名和密码是否正确，然后根据其权限赋予不同的功能。政治工作模块的整体活动图如图 2-9 所示。

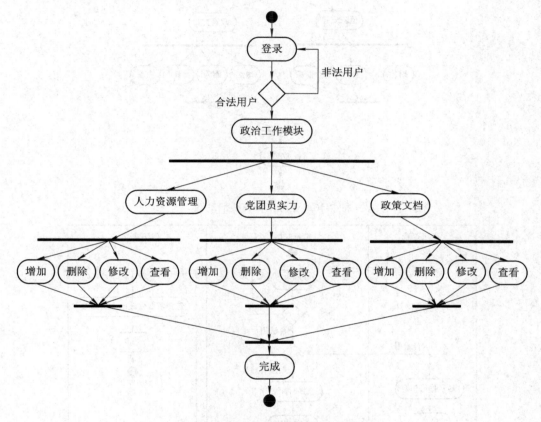

图 2-9　政治工作模块活动图

2．业务工作模块

业务工作模块的主要功能是对与业务工作相关的内容进行管理。用户申请登录以后，首先验证用户名和密码是否正确，然后根据其权限赋予不同的功能。系统管理员可以进行值班安排，对有关业务工作的政策文档进行增、删、查、改，而普通用户可以查看值班安排和相关政策文档。业务工作模块的活动图如图 2-10 所示。

值班安排是中队管理信息系统的一项经常性工作，通常中队管理信息系统有若干个岗位，每两小时为一个值班时间段，而采取的排版方式通常为大循环方法，即所有人按照顺序轮流值班，当然，碰到特殊情况，如病号等需要临时调整的，可以对值班安排进行修改。一般来说，值班安排无需提供删除功能，因为值班安排表应该留作存档，而不应随意删除。具体的值班模块活动图如图 2-11 所示。

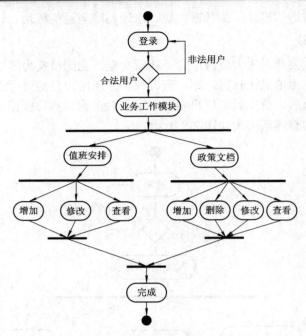

图 2-10 业务工作模块活动图

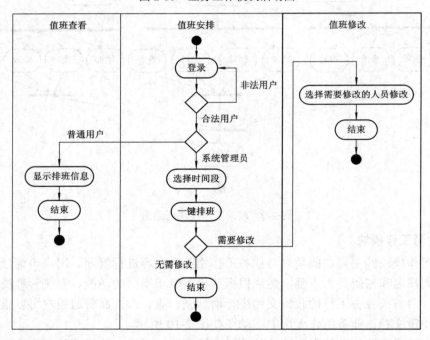

图 2-11 值班模块活动图

3. 装备模块

装备模块的主要功能是对与业务工作相关的内容进行管理。用户申请登录以后，首先验证用户名和密码是否正确，然后根据其权限赋予不同的功能。系统管理员可以进行装备增、删、查、改等操作，而普通用户可以查看装备情况。装备模块的活动图如图 2-12 所示。

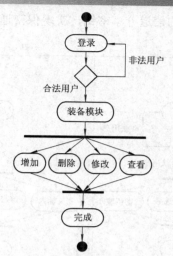

图 2-12 装备模块活动图

4．即时通信模块

即时通信模块的主要功能是在中队管理信息系统局域网中用于通信联络、办公等。用户可以向在线的其他用户发送信息、接收即时文本信息，而且可以发送和接收文档。即时通信模块的活动图如图 2-13 所示。

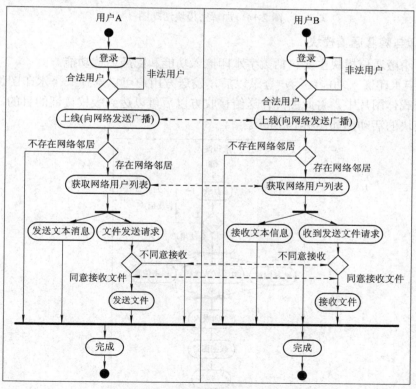

图 2-13 即时通信模块活动图

5．加解密模块

加解密模块中，用户登录以后，可以对文本信息进行加密和解密，并且可以自由地选择不同的算法,然后通过安全的信道分享密钥,实现保密通信。加解密模块的活动图如图 2-14 所示。

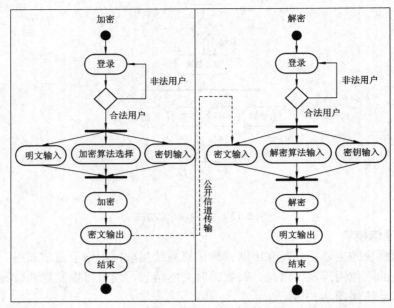

图 2-14　加解密模块活动图

6．水印与隐蔽通信模块

水印与隐蔽通信模块主要包括数字水印嵌入功能和隐蔽通信功能。

(1) 数字水印嵌入功能：用户登录以后,发送方用户可以选择一个水印图像或者水印文本嵌入到载体图片中,将此图片传送给接收方以后可以达到版权认证的目的。数字水印嵌入功能模块的活动图如图 2-15 所示。

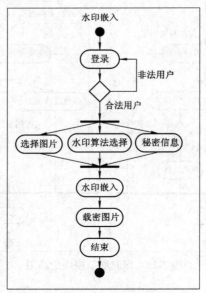

图 2-15　数字水印嵌入功能模块活动图

(2) 隐蔽通信功能：用户登录以后，发送方用户可以自由地选择一定的算法在数字图片中嵌入秘密信息，然后通过公开信道传输给接收方用户；接收方用户接收到载密图片后，可以根据相应算法提取出秘密信息，达到隐蔽通信的目的。隐蔽通信功能模块的活动图如图 2-16 所示。

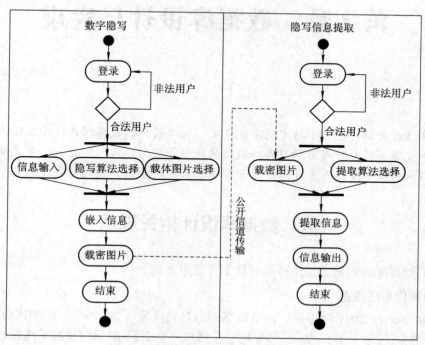

图 2-16 隐蔽通信功能模块活动图

7. 访问控制功能

系统的访问控制功能通过用户的身份类型来区分，主要包括系统管理员和普通用户两种类型。系统管理员拥有所有权限，包括所有信息的增、删、查、改等；普通用户一般具有查看信息的权限，没有增、删、改的权限，具体权限与上述各子功能模块一致。

第3章 数据库设计与实现

数据库设计是指对于一个特定的系统环境,构建最优的数据模式,建立数据库及其应用系统,用以满足用户对数据的储存和数据的处理等应用要求。它是一个系统设计和实现的关键步骤和核心部分。本章介绍中队管理信息系统的数据库设计与实现。

3.1 数据库设计相关规范

良好的数据库命名规范,往往能够使工作事半功倍。

1. 数据库命名规范

在 SQL Server 2017 数据库中,给数据库命名建议采用 26 个英文字母(区分大小写)和 0~9 的自然数(经常不需要)加上下划线"_"组成,命名简洁明确(长度不能超过 30 个字符)。例如:user、stat、log;也可以是 wifi_user、wifi_stat、wifi_log,即给数据库加个前缀。如果是备份数据库,可以加 0~9 的自然数,如 user_db_20151210。

本中队管理信息系统的数据库命名为 db_ZhongDui_ERP,其中 db 为数据库 DataBase 的缩写,Zhongdui 为中队的拼音,ERP 为企业资源管理 Enterprise Resource Planning 的缩写。

2. 数据库表名命名规范

给数据库表名命名,建议采用 26 个英文字母(区分大小写)和 0~9 的自然数(经常不需要)加上下划线"_"组成,命名简洁明确,多个单词用下划线"_"分隔。例如:user_login、user_profile、user_detail、user_role、user_role_relation、user_role_right、user_role_right_ relation,表前缀"user_"可以有效地把相同关系的表显示在一起。

3. 数据库表字段名命名规范

给数据库表字段名命名,建议采用 26 个英文字母(区分大小写)和 0~9 的自然数(经常不需要)加上下划线"_"组成,命名简洁明确。每个表中必须有自增主键用来表示 ID,表与表之间的相关联字段名称要求尽可能地相同。

4. 数据库表字段类型规范

用尽量少的存储空间来存储一个字段的数据,例如,能使用 int 就不要使用 varchar、char,能用 varchar(16)就不要使用 varchar(256);固定长度的类型最好使用 char,如邮编；能使用 tinyint 就不要使用 smallint、int；最好给每个字段一个默认值，最好不能为 null。

3.2 数据库设计

根据前期需求分析，本系统主要包含政治工作、业务工作、装备管理、即时通信、加解密、水印与隐蔽通信、访问控制等七个功能模块，其中涉及数据库的主要是政治工作、业务工作、装备管理、访问控制这几个功能模块。

3.2.1 主要实体属性图

数据库的结构设计是整个数据库设计的关键，是对用户需求的一次建模。在系统需求分析阶段，设计人员在充分分析和调查了用户的需求之后，应该把这些需求抽象为例图，才能更好地理解和实现用户的需求。在各种建模模型中 E-R 图也称实体-联系图(Entity Relationship Diagram)，它提供了表示实体类型、属性和联系的方法，用来描述现实世界的概念模型。E-R 图是描述现实世界关系概念模型的有效方法，它通常用"矩形框"表示实体型，矩形框内写明实体名称；用"椭圆图框"表示实体的属性，并用"实心线段"将其与相应关系的"实体型"连接起来；用"菱形框"表示实体型之间的联系成因，在菱形框内写明联系名，并用"实心线段"分别与有关实体型连接起来，同时在"实心线段"旁标上联系的类型(1∶1，1∶n 或 m∶n)。E-R 图是最为实用和常用的一种模型。

1. 政治工作模块实体

政治工作模块中的主要实体为人员、单位、政策文档。

人员 E-R 图如图 3-1 所示，人员实体中包含人员编号、姓名、出生年月、衔级、所在单位、性别、入职日期、政治面貌、家庭地址、文化水平、兴趣爱好、职务、备注等信息。

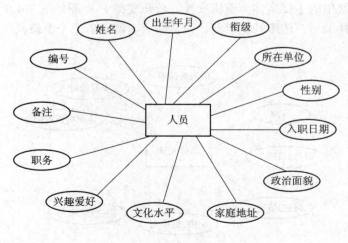

图 3-1 人员 E-R 图

单位 E-R 图如图 3-2 所示,单位实体中包含单位编号、单位代码、单位名称、上级单位、备注等信息,其中上级单位又是一个单位本身。

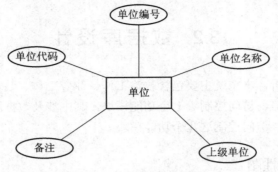

图 3-2 单位 E-R 图

政策文档 E-R 图如图 3-3 所示,政策文档实体中包含文档编号、文档类型、文档名称、文档内容、文档日期、备注等信息。

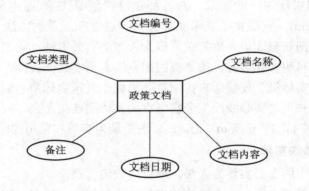

图 3-3 政策文档 E-R 图

2. 业务工作模块实体

业务工作模块中的主要实体为值班安排。值班安排 E-R 图如图 3-4 所示,值班安排实体中包含值班安排编号、值班开始时间、值班结束时间、若干个值班岗位的值班人、备注等信息。

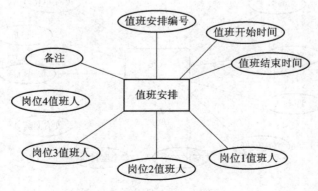

图 3-4 值班安排 E-R 图

3. 装备管理模块实体

装备管理模块中的主要实体为装备。装备实体 E-R 图如图 3-5 所示，装备实体中包含装备编号、装备名称、装备类型、装备保管人、列装时间、报废时间、所属单位、备注等信息。

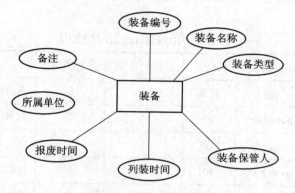

图 3-5 装备实体 E-R 图

4. 访问控制模块实体

访问控制模块中的主要实体为用户。用户实体 E-R 图如图 3-6 所示，用户实体中包含用户编号、用户名、用户密码、用户权限、备注等信息。

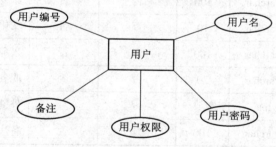

图 3-6 用户实体 E-R 图

综合上述各实体 E-R 图，系统综合 E-R 图如图 3-7 所示。

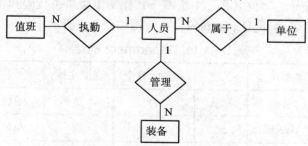

图 3-7 系统综合 E-R 图

3.2.2 数据库表设计

本节根据上述数据库的实体属性图，介绍本数据库中相关表的关系模型设计。

1. 人员关系模型

人员包括人员编号、姓名、出生年月、所在单位代码、性别、入职日期、政治面貌、家庭地址、文化水平、兴趣爱好、职务、衔级编号和备注,其中所在单位代码和衔级为外键,可分别参照单位关系模型和衔级关系模型。人员表为 tb_Renyuan,其结构如表 3-1 所示。

表 3-1 tb_Renyuan 的结构

字段名称	数据类型	长度	是否允许空	是否主键	字段描述
RenyuanID	Int	默认	否	是	人员编号,自增
RenyuanName	nvarchar	20	否	否	姓名
Birthday	date	默认	否	否	出生年月
DepartmentCode	nvarchar	10	否	否	外键,所在单位代码
Sex	char	1	否	否	性别,1 表示男,0 表示女
JoinDate	date	默认	否	否	入职日期
PoliticalStatus	nvarchar	10	否	否	政治面貌
FamilyAddress	nvarchar	100	否	否	家庭地址
EducationLevel	nvarchar	10	否	否	文化水平
Hobby	nvarchar	100	否	否	兴趣爱好
Post	nvarchar	20	否	否	职务
TitleRankID	Int	默认	否	否	外键,衔级编号
Remark	nvarchar	100	是	否	备注

2. 单位关系模型

单位包括单位编号、单位名称、单位唯一代码、上级单位代码和备注,其中上级单位代码参考本身。单位表为 tb_Department,其结构如表 3-2 所示。

表 3-2 tb_Department 的结构

字段名称	数据类型	长度	是否允许空	是否主键	字段描述
DepartmentID	int	默认	否	是	单位编号,自增
DepartmentName	nvarchar	50	否	否	单位名称
DepartmentCode	nvarchar	10	否	否	单位唯一代码,主要用来关联上下级单位关系
ShangjiCode	nvarchar	10	否	否	上级单位代码
Remark	nvarchar	100	是	否	备注

3. 衔级关系模型

由于衔级涉及的内容比较多，为方便管理，单独设置一个关系模型，即衔级关系模型(包括衔级编号、衔级名称和备注)。衔级表为 tb_TitleRank，其结构如表 3-3 所示。

表 3-3　tb_TitleRank 的结构

字段名称	数据类型	长度	是否允许空	是否主键	字段描述
TitleRankID	int	默认	否	是	衔级编号，自增
TitleRankName	nvarchar	10	否	否	衔级名称
Remark	nvarchar	30	是	否	备注

4. 政策文档关系模型

政策文档包括政策文档编号、政策文档名称、文档内容、文档日期、文档类型和备注，其中文档类型主要有政治工作、业务工作、装备管理等类别。政策文档表为 tb_Document，其结构如表 3-4 所示。

表 3-4　tb_Document 的结构

字段名称	数据类型	长度	是否允许空	是否主键	字段描述
DocumentID	int	默认	否	是	政策文档编号，自增
DocumentName	nvarchar	100	否	否	政策文档名称
DocumentContent	varbinary(MAX)	默认	否	否	文档内容
DocumentTime	Datetime	10	否	否	文档日期
Type	nvarchar	10	否	否	文档类型
Remark	nvarchar	100	是	否	备注

5. 值班安排关系模型

值班安排包括值班安排编号、值班开始时间、值班结束时间、岗位 1 值班人编号、岗位 2 值班人编号、岗位 3 值班人编号、岗位 4 值班人编号和备注，其中各岗位的值班人参考人员表中的编号。值班安排表为 tb_Duty，其结构如表 3-5 所示。

表 3-5　tb_Duty 的结构

字段名称	数据类型	长度	是否允许空	是否主键	字段描述
DutyID	int	默认	否	是	值班安排编号，自增
BeginTime	datetime	默认	否	否	值班开始时间
EndTime	datetime	默认	否	否	值班结束时间
Duty1	int	默认	否	否	外键，岗位 1 值班人编号
Duty2	int	默认	否	否	外键，岗位 2 值班人编号
Duty3	int	默认	否	否	外键，岗位 3 值班人编号
Duty4	int	默认	否	否	外键，岗位 4 值班人编号
Remark	nvarchar	100	是	否	备注

6. 装备关系模型

装备包括装备编号、装备名称、装备类型、装备使用人、列装时间、报废时间、所属单位和备注，其中装备使用人参考表 3-1 中的人员编号，所属单位参考表 3-2 中的单位编号。装备表为 tb_Equipment，其结构如表 3-6 所示。

表 3-6 tb_Equipment 的结构

字段名称	数据类型	长度	是否允许空	是否主键	字段描述
EquipmentID	int	默认	否	是	装备编号，自增
EquipmentName	nvarchar	100	否	否	装备名称
Type	nvarchar	10	否	否	装备类型
EquipmentUserID	int	默认	否	否	外键，装备使用人
BeginTime	date	默认	否	否	列装时间
DiscardeTime	date	默认	否	否	报废时间
DepartmentID	int	默认	否	否	外键，所属单位
Remark	nvarchar	100	是	否	备注

7. 用户关系模型

用户包括用户编号、用户名称、密码、权限类型和备注。用户表为 tb_User，其结构如表 3-7 所示，特别要注意权限列 Role 中我们约定 0 表示管理员，1 表示普通用户。

表 3-7 tb_User 的结构

字段名称	数据类型	长度	是否允许空	是否主键	字段描述
UserID	int	默认	否	是	用户编号，自增
UserName	nvarchar	20	否	否	用户名称
Password	nvarchar	20	否	否	密码
Role	int	默认	否	否	权限类型，0 表示管理员，1 表示普通用户
Remark	nvarchar	100	是	否	备注

3.2.3 数据库视图设计

视图(View)是从一个或多个表(或视图)导出的表。视图与表(有时为与视图区别，也称表为基本表--Base Table)不同，视图是一个虚表(即视图所对应的数据不进行实际存储)，数据库中只存储视图的定义，在对视图的数据进行操作时，系统根据视图的定义去操作与视图相关联的基本表。视图是原始数据库数据的一种变换，是查看表中数据的另外一种方式。可以将视图看成是一个移动的窗口，通过它可以看到感兴趣的数据。

本系统中有些表中的某些字段是参考其他表的，如 tb_Renyuan 表中存放的单位为 DepartmentCode，为了方便程序访问，我们为类似这样的表建立视图。

1. 人员视图 view_Renyuan

人员表 tb_Renyuan(如表 3-1 所示)中有两个外键 DepartmentCode 和 TitleRankID，分别参考表 tb_Department(如表 3-2 所示)和表 tb_TitleRank(如表 3-3 所示)。因此，人员视图 view_Renyuan 由这三个表产生，其结构如表 3-8 所示。

表 3-8　view_Renyuan 的结构

字段名称	来源表	描　　述
RenyuanID	tb_Renyuan	
RenyuanName	tb_Renyuan	
Birthday	tb_Renyuan	
DepartmentName	tb_Department	tb_Renyuan.DepartmentCode = tb_Department.DepartmentCode
Sex	tb_Renyuan	
JoinDate	tb_Renyuan	
PoliticalStatus	tb_Renyuan	
FamilyAddress	tb_Renyuan	
EducationLevel	tb_Renyuan	
Hobby	tb_Renyuan	
Post	tb_Renyuan	
TitleRankName	tb_TitleRank	tb_Renyuan.TitleRankID = tb_TitleRank.TitleRankID
Remark	tb_Renyuan	

2. 装备视图 view_Equipment

装备表 tb_Equipment(如表 3-6 所示)中有两个外键 EquipmentUserID 和 DepartmentID，分别参考表 tb_Renyuan(如表 3-1 所示)和表 tb_Department(如表 3-2 所示)。因此，装备视图 view_Equipment 是由这三个表产生，其结构如表 3-9 所示。

表 3-9　view_Equipment 的结构

字段名称	来源表	描　　述
EquipmentID	tb_Equipment	
EquipmentName	tb_Equipment	
Type	tb_Equipment	
RenyuanName	tb_Renyuan	tb_Equipment.EquipmentUserID = tb_Renyuan.RenyuanID
BeginTime	tb_Equipment	
DiscardeTime	tb_Equipment	
DepartmentName	tb_Department	tb_Equipment.DepartmentID = tb_Department.DepartmentID
Remark	tb_Equipment	

3.3 数据库实现

在对数据库分析的基础上，本节开始具体介绍在 SQL Server 数据库管理系统中实现物理数据库的设计。

3.3.1 在 SQL Server 中建立数据库

(1) 打开 SQL Server Management studio 2017 软件，启动界面如图 3-8 所示，选择正确的服务器类型、服务器名称、身份验证(通常默认)之后进入如图 3-9 所示的主界面。

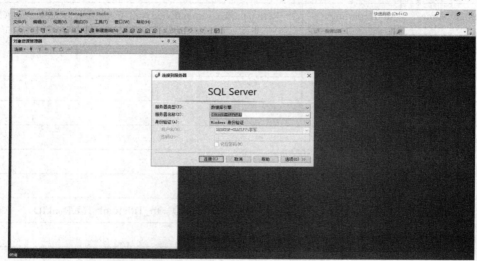

图 3-8 SQL Server Management studio 2017 启动界面

图 3-9 SQL Server Management studio 2017 登录后的主界面

第 3 章 数据库设计与实现

(2) 左侧导航条中，在数据库菜单上右键选择新建数据库(如图 3-10 所示)，设置数据库的名字为 db_ZhongDui_ERP(如图 3-11 所示)，点击"确定"按钮。这样就完成了数据库的建立，在数据库列表中可以看见所建立的数据库(如图 3-12 所示)。

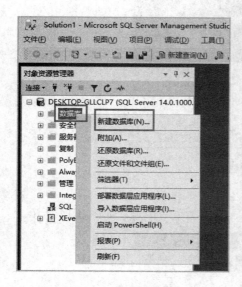
图 3-10 新建数据库

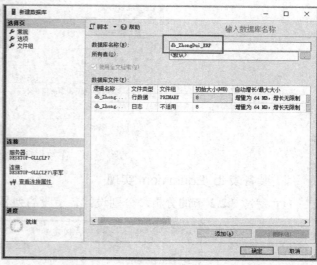
图 3-11 新建数据库 db_ZhongDui_ERP

图 3-12 数据库列表

3.3.2 在 SQL Server 中建立数据库表

数据库建立好之后，接下来的任务是建立数据库表。在 db_ZhongDui_ERP 数据库树下选择"表"，右键选择"新建"(如图 3-13 所示)，进入新建表的设计界面。下面介绍本系统中表的建立。

图 3-13 在数据库中新建表

1. 装备表 tb_Equipment 实现

(1) 参考 3.2.2 节的分析，分别设计各字段的列名、数据类型等信息，如图 3-14 所示。

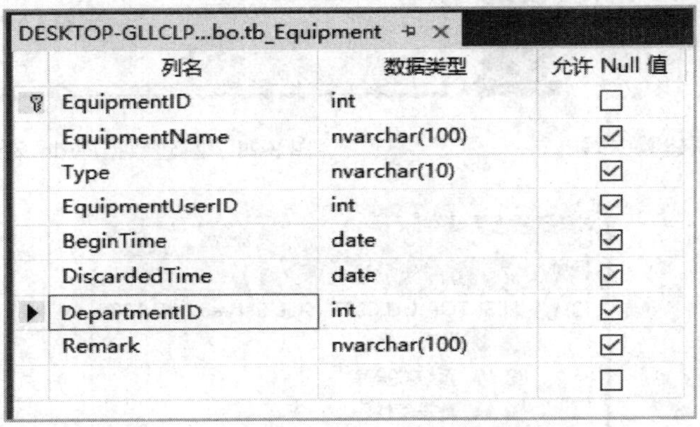

图 3-14 新建表 tb_Equipment 的字段设计

(2) 将 EquipmentID 字段设置为主键。在 EquipmentID 字段上点击右键，再点击"设置主键"，如图 3-15 所示。

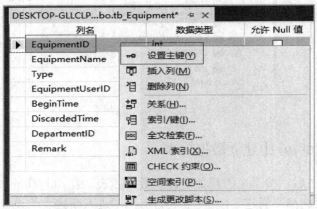

图 3-15 表 tb_Equipment 的主键设置

(3) 将 EquipmentID 字段设置为自增字段。首先用鼠标左键选中"EquipmentID"字段，然后在表设计界面下方的列属性界面中，将标识规范设置为"是"，将标识增量设置为"1"，标识种子设置为"1"，如图 3-16 所示。这样，这个字段的值就会自增，不需要用户手动输入。

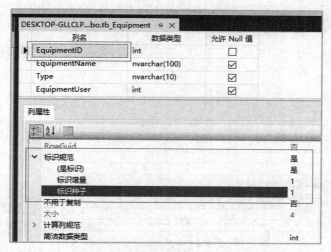

图 3-16　表 tb_Equipment 的主键 EquimentID 设置自增

(4) 设置外键。在 SQL 中建立外键约束，可以级联查询表中的数据，在 C#代码生成器中，也能根据外键关系生成相应的外键表数据模型。外键也可防止删除有外键关系的记录，一定程度上保护了数据的安全性。

要建立外键关系，首先要保证用来建立外键关系的列具有唯一性，即具有 UNIQUE 约束，通常是某表的主键作为另外一个表的外键。在表 tb_Equipment 中，需要添加两个外键：一个是字段 EquipmentUserID 依赖于 tb_Renyuan 表中的主键 RenyuanID；另一个是字段 DepartmentID 依赖于 tb_Department 表中的主键 DepartmentID。

① 在表设计视图中右键点击"EquipmentUserID"列，选择"关系"进行外键关系的编辑，如图 3-17 所示。

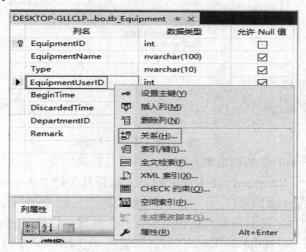

图 3-17　表 tb_Equipment 设置 EquipmentUserID 外键

② 默认情况下，外键关系是空的，点击左下角的"添加"进行添加外键关系操作，如图 3-18 所示。

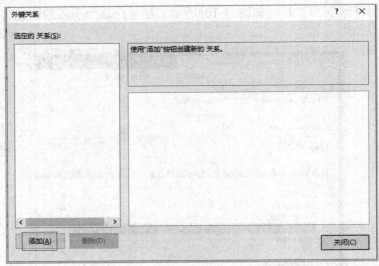

图 3-18　EquipmentUserID 外键添加关系

③ 在外键编辑界面(如图 3-19 所示)，系统自动生成关系和名称(可以根据需要修改)，只需点击"表和列规范"后面的编辑按钮即可操作需要设置的外键列，进入编辑界面，如图 3-20 所示。

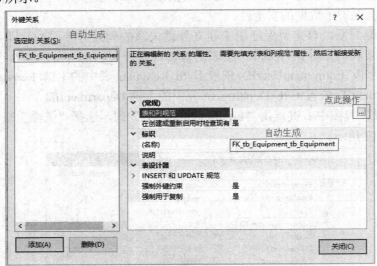

图 3-19　外键关系编辑界面

④ 在图 3-20 所示的表和列编辑界面中，关系名自动生成，左半部分表示参考的表和字段，主键表选择 tb_Renyuan，在主键表的下方选择其主键"RenyuanID"；右半部分的外键表表示需要设置外键的表(即本表)，无需修改，在外键表 tb_Equipment 的下方选择"EquipmentUserID"列，表示将要给这个列设置一个外键。这样就完成了外键的设置，表示表 tb_Equipment 中的 EquipmentUserID 列需要参考 tb_Renyuan 中的 RenyuanID 列。

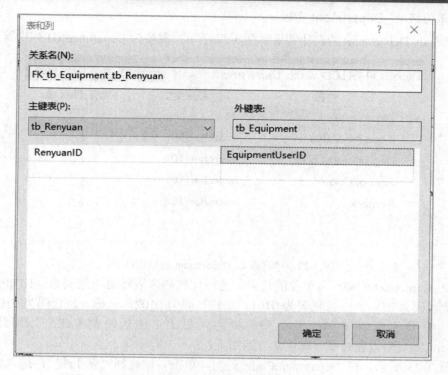

图 3-20　外键关系设置

使用同样的方法，可以为 Equipment 中的 DepartmentID 列设置参考于表 tb_Department 中 DepartmentID 列的外键。完成两个外键的设置后，表 tb_Equipment 中的外键关系编辑界面如图 3-21 所示。

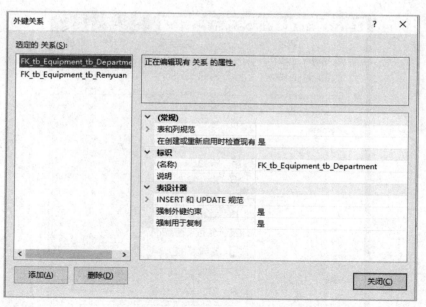

图 3-21　表 tb_Equipment 的外键关系编辑界面

2. 单位表 tb_Department 实现

单位表 tb_Department 的设计结果如图 3-22 所示，需要为 DepartmentID 列设置主键。

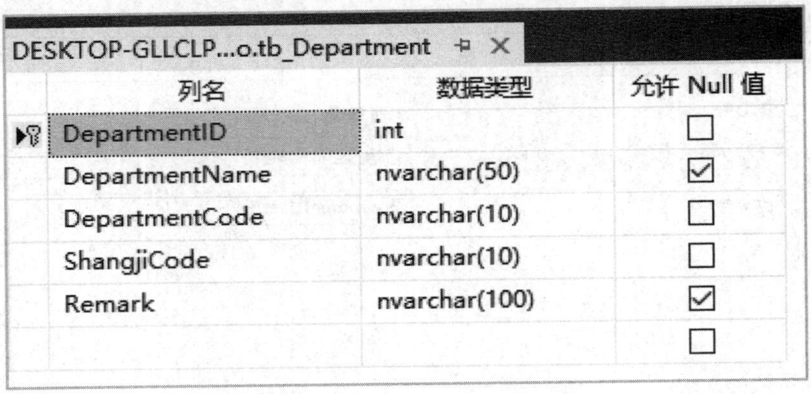

图 3-22　单位表 tb_Department 的设计结果

表中 DepartmentCode 为单位的代码，通过此代码来表述上下级关系，比如中队管理信息系统代码为 01，而一排代码为 0101，二排代码为 0102，一排一班代码为 010101，以此类推。在其他表如 tb_Renyuan 中需要将人员的单位代码参考此列，因此需要将 DepartmentCode 列设置列唯一属性，方法如下：

如图 3-23 所示，在 DepartmentCode 列上，单击右键选择"索引/键"，进入索引设计界面，如图 3-24 所示。点击左下角"添加"按钮，在图 3-25 所示的编辑界面，在"列"栏中选择"DepartmentCode(ASC)"列，在上方的"类型"选择"唯一键"，在名称栏修改为"IX_DepartmentCode_tb_Department"，这样，此列就设置成了唯一属性，可以作为其他表中的外键使用。

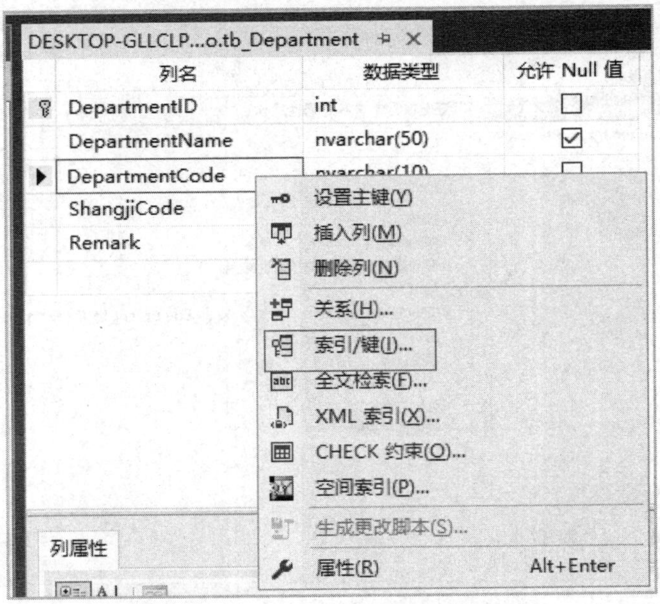

图 3-23　表 tb_Department 设计索引

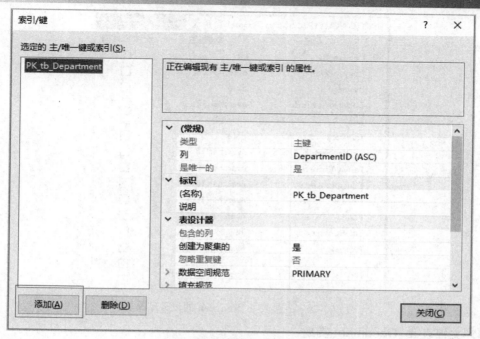

图 3-24 添加索引

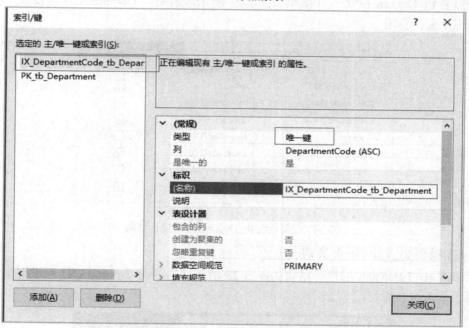

图 3-25 为 DepartmentCode 列设置唯一属性

3. 人员表 tb_Renyuan 实现

人员表 tb_Renyuan 的设计结果如图 3-26 所示，需要为 RenyuanID 列设置主键，并设置标识规范为自增；为 DepartmentCode 列设置外键，参考表 tb_Department 中的 DepartmentCode 列；为 TitleRankID 列设置外键，参考表 tb_TitleRank 中的 TitleRankID 列。

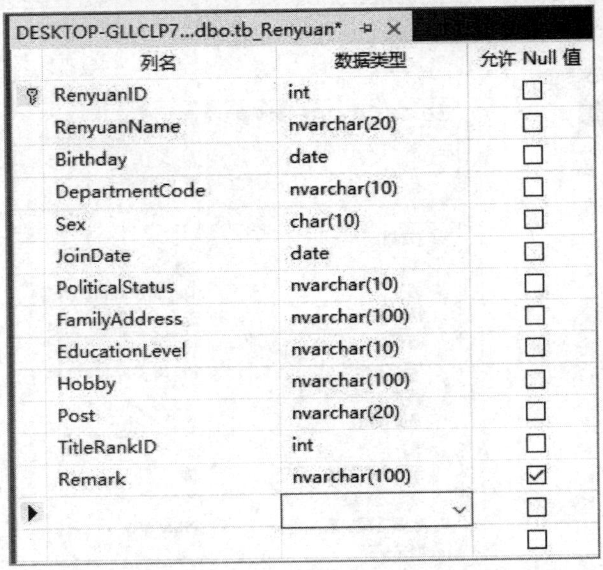

DESKTOP-GLLCLP7...dbo.tb_Renyuan*

列名	数据类型	允许 Null 值
RenyuanID	int	☐
RenyuanName	nvarchar(20)	☐
Birthday	date	☐
DepartmentCode	nvarchar(10)	☐
Sex	char(10)	☐
JoinDate	date	☐
PoliticalStatus	nvarchar(10)	☐
FamilyAddress	nvarchar(100)	☐
EducationLevel	nvarchar(10)	☐
Hobby	nvarchar(100)	☐
Post	nvarchar(20)	☐
TitleRankID	int	☐
Remark	nvarchar(100)	☑

图 3-26　人员表 tb_Renyuan 的设计结果

4．文档表 tb_Document 实现

文档表 tb_Document 的设计结果如图 3-27 所示，需要为 DocumentID 列设置主键，并设置标识规范为自增。

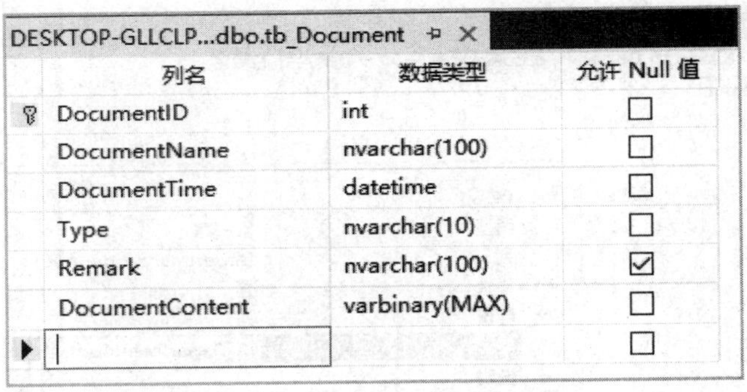

DESKTOP-GLLCLP...dbo.tb_Document

列名	数据类型	允许 Null 值
DocumentID	int	☐
DocumentName	nvarchar(100)	☐
DocumentTime	datetime	☐
Type	nvarchar(10)	☐
Remark	nvarchar(100)	☑
DocumentContent	varbinary(MAX)	☐

图 3-27　文档表 tb_Document 的设计结果

5．衔级表 tb_TitleRank 实现

衔级表 tb_TitleRank 的设计结果如图 3-28 所示，需要为 TitleRankID 列设置主键，并设置标识规范为自增。

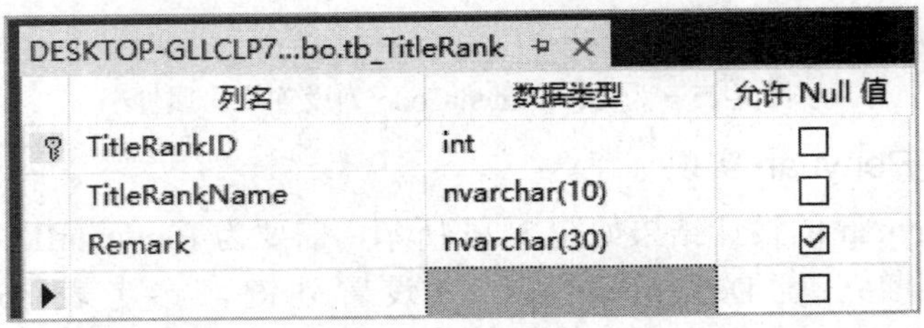

DESKTOP-GLLCLP7...bo.tb_TitleRank

列名	数据类型	允许 Null 值
TitleRankID	int	☐
TitleRankName	nvarchar(10)	☐
Remark	nvarchar(30)	☑

图 3-28　衔级表 tb_TitleRank 的设计结果

6. 用户表 tb_User 实现

用户表 tb_User 的设计结果如图 3-29 所示，需要为 UserID 列设置主键，并设置标识规范为自增。

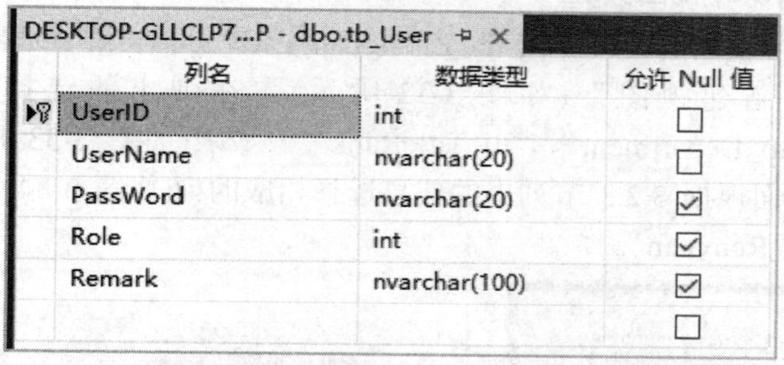

图 3-29 用户表 tb_User 的设计结果

7. 值班安排表 tb_Duty 实现

值班安排表 tb_Duty 的设计结果如图 3-30 所示，需要为 DutyID 列设置主键，并设置标识规范为自增；分别为 Duty1、Duty2、Duty3、Duty4 字段设置外键，参考表 tb_Renyuan 中的 RenyuanID 列。设计完成后的 tb_Duty 表的外键关系如图 3-31 所示。

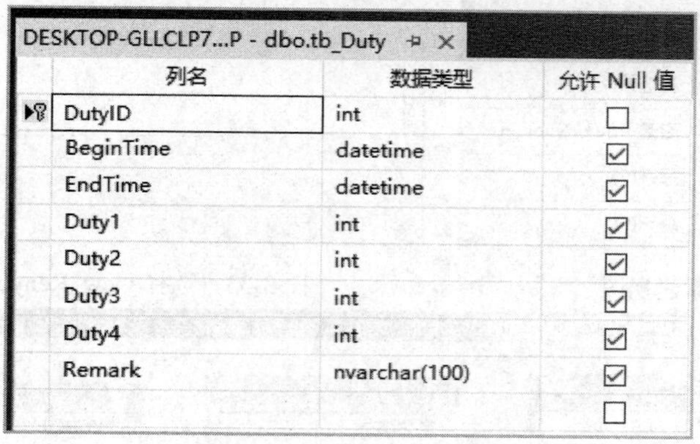

图 3-30 值班安排表 tb_Duty 的设计结果

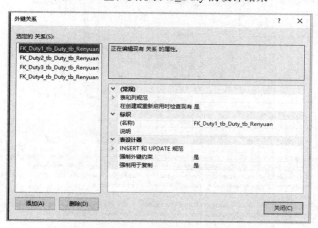

图 3-31 值班安排表 tb_Duty 的外键关系

3.3.3 在 SQL Server 中建立视图

1. view_Renyuan 视图实现

按照 3.2.3 节中视图的设计，在 db_ZhongDui_ERP 对象资源管理器中找到"视图"，单击右键选择"新建视图"(如图 3-32 所示)，在弹出的选择表编辑界面选择"tb_Renyuan"、"tb_Department"、"tb_TitleRank"三个表(如图 3-33 所示)；在接下来的视图所需列选择界面根据 3.2.3 节列出的信息选择相应的列(如图 3-34 所示)，最后将"视图"保存为"view_Renyuan"。

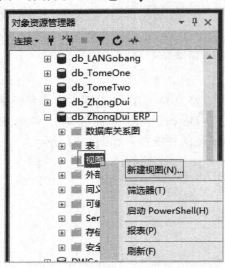
图 3-32 新建视图

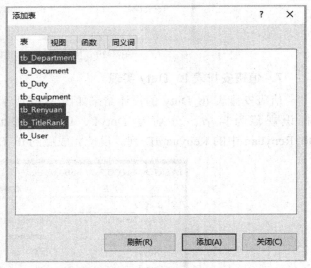
图 3-33 选择 view_Renyuan 相关的表

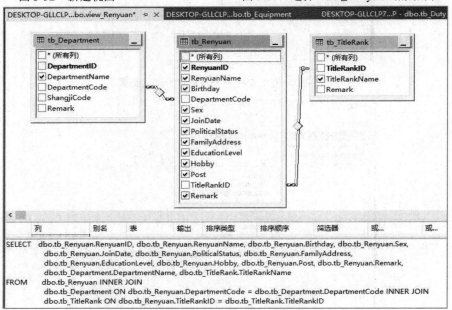
图 3-34 添加 view_Renyuan 相关的列

2. view_Equipment 视图实现

按照 3.2.3 节中视图的设计，在 db_ZhongDui_ERP 对象资源管理器中找到"视图"，单击右键选择"新建视图"，在弹出的选择表编辑界面选择"tb_Renyuan"、"tb_Department"、"tb_Equipment"三个表，并删除 tb_Renyuan 表与 tb_Department 表之间的连线关系；在接下来的视图所需列选择界面根据 3.2.3 节列出的信息选择相应的列(如图 3-35 所示)，最后将"视图"保存为"view_Equipment"。

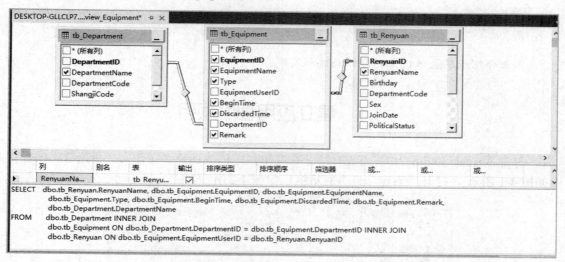

图 3-35　添加 view_Equipment 相关的列

3.3.4　在 SQL Server 中为数据库填充数据

在完成以上数据库表的设计之后，可以在表中填充实验数据，填充数据是应当按照数据类型、数据所依赖的外键关系来填充，否则数据库系统将会出现异常。

第4章 主程序设计与实现

本章介绍程序主体框架的设计与编程实现。

4.1 建立应用程序项目

打开 Visual Studio 2017 开发环境，在菜单栏中依次选择"文件"、"新建"、"项目"（如图 4-1 所示），打开"新建项目"对话框，如图 4-2 所示。

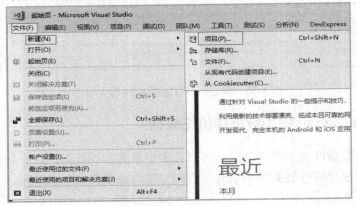

图 4-1 建立项目(1)

图 4-2 建立项目(2)

第4章 主程序设计与实现

在图 4-2 所示的"新建项目"对话框左侧选择"Windows 经典桌面",右侧列表选择"Windows 窗体应用(.Net Framework)",在下方的名称栏输入"Zhongdui_ERP",位置和解决方案名称分别输入"C:\users\李军\source\repos"和"Zhongdui_ERP",点击"确定"按钮后进入如图 4-3 所示的开发界面。

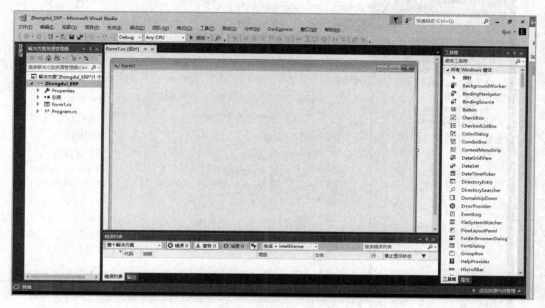

图 4-3　初始界面

即使没有任何编程操作,此时仍可点击工具栏中的右三角绿箭头(启动)或者菜单栏中"调试"→"开始执行(不调试)"来启动应用程序,效果如图 4-4 所示。

图 4-4　启动应用程序

在左侧解决方案资源管理器下的"解决方案"Zhongdui_ERP""上单击右键，选择"在文件资源管理器中打开文件夹"，可以打开该项目在磁盘上的位置，如图 4-5 所示。其中，Zhongdui_ERP.sln 为解决方案工程文件，记录了整个解决方案的相关信息。

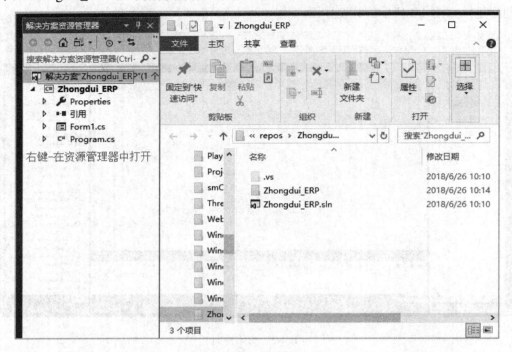

图 4-5 文件资源管理器中的目录

Zhongdui_ERP 文件夹下，bin 中为生成的可执行 exe 文件，为最终发布的应用程序；bin 目录用来存放编译的结果，bin 是二进制 binrary 的英文缩写，它有 Debug 和 Release 两个版本，分别对应的文件夹为 bin/Debug 和 bin/Release。

obj 文件夹下为中间目标文件。

Properties 文件夹下为配置文件。

program.cs 是整个应用程序的启动主入口。

Zhongdui_ERP.csproj 文件是 C#的项目工程文件，其中记录了与工程有关的相关信息，例如包含的文件、程序的版本、所生成的文件的类型和位置的信息等。

Form1.cs、Form1.Designer.cs、Form1.resx 为系统自动生成的主窗体的三个相关文件，其中 Form1.cs 为核心方法代码所在文件，Form1.Designer.cs 为界面设计相关代码(一般由系统自动生成，无需修改)，Form1.resx 为窗体资源文件(如图标等资源)。

4.2 主窗体程序

下面开始建立应用程序的主窗体。由于 VS2017 默认给出了一个 Form1 窗体，因此我们可以将上面建立的 Form1 作为主窗体，并在此基础上进行修改。在左侧解决方案资源管理器中找到"Form1.cs"，单击右键选择"查看设计器"(如图 4-6 所示)，进入设计界面

(或者直接选中"Form1"窗体亦可);在 Form1 窗体右侧通常会有工具箱和属性两个设计器界面显示,如图 4-7 所示;如果没有显示,则打开 VS2017 的视图菜单,分别点击其中的"工具箱"和"属性"窗口选项即可。

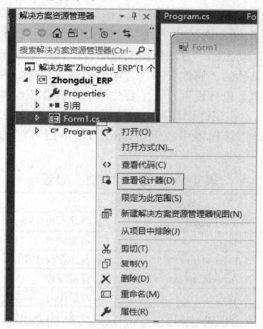

图 4-6　设计器

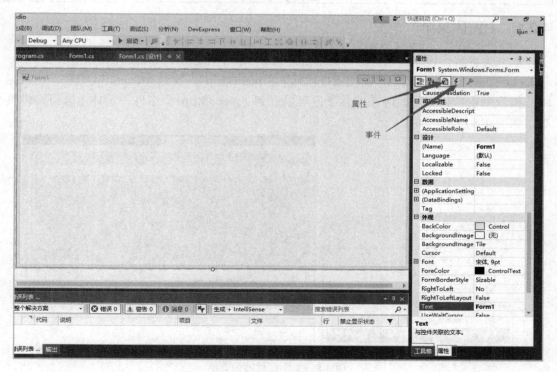

图 4-7　窗体设计器界面

工具箱指的是常用的桌面应用程序基本组件，如按钮、复选框、单选框、下拉列表、文本输入框等，桌面应用程序都是通过这些基本组件组合而成的，程序员只需要将某个组件拖曳到窗体上，即可完成设计。

属性指的是窗体或者窗体中组件的属性，该广义的"属性"根据面向对象的思维方式，分为静态的"属性"和动态的"方法"。静态的"属性"指的是如名字、大小、颜色、字体等描述性特征；动态的"方法"指的是事件，如一个按钮组件，当用户点击它的时候它发出一个事件。具体的"属性"和"方法"的修改位置如图4-7所示。这里需要注意的是，对任何窗体或组件进行设置，一定要先选中该窗体或组件对象。

选中"Form1"窗体，在属性设计器中，将窗体的"属性"按照表4-1的方式进行设置，然后在解决方案资源管理器中找到Form1.cs，单击右键选择"重命名"，设定为FormMain.cs。

表 4-1 主窗体"属性"设置

属 性	设置参数	说 明
WindowState	maximized	启动后最大化
IsMdiContainer	True	多窗体容器，其他子窗体可以依附在上面
Name	FormMain	窗体在程序中的名字
BackColor	ActiveCaption	背景颜色
BackGroundImage	自定义	背景图片
BackgroundImageLayout	Stretch	背景图片拉伸显示
Text	中队管理信息系统	窗体左上角显示的名字

4.2.1 主窗体菜单

本节为主窗体程序添加菜单，菜单组件为 System.Windows.Forms.MenuStrip。

(1) 打开工具箱编辑器，在搜索框内输入"menustrip"，找到 MenuStrip 组件，用鼠标将其拖放到主窗体中，此时在窗体下方可以看到"menuStrip1"组件，窗体上方可编辑菜单，如图4-8所示。

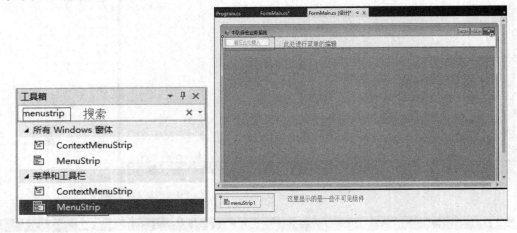

图 4-8 为主窗体添加菜单

(2) 将 menuStrip1 菜单编辑为如表 4-2 所示的内容，第一列为主菜单，下方为对应的子菜单，编辑完成的菜单效果如图 4-9 所示。

表 4-2　menuStrip1 菜单项设置

主菜单	政治工作	业务工作	装备管理	帮助
所属子菜单	人力资源管理	值班安排	装备器材	
	党团员实力	政策文档	政策文档	
	政策文档			

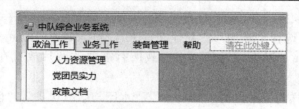

图 4-9　菜单编辑效果

4.2.2　左侧导航条菜单

左侧导航条采用 System.Windows.Forms.ToolStrip 组件。

(1) 在工具箱中搜索"toolstrip"，找到 ToolStrip 组件，用鼠标将其拖放到主窗体中，如图 4-10 所示；默认情况下，工具栏 toolStrip1 为上方水平放置，需要将其调整为左侧垂直放置，方法为点击右上角的小三角，在"Dock"一栏，选择左侧的"Left"，如图 4-11 所示。

(2) 在工具条上添加按钮。选中"toolstrip1"组件，点击下三角图标，打开下拉列表，选择"Button"(如图 4-12 所示)，这时出现一个新的按钮"toolStripButton1"，按照表 4-3 的设置参数设置该按钮属性。

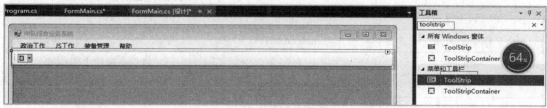

图 4-10　为主窗体添加左侧导航条 Toolstrip

图 4-11　设置 ToolStrip 位置

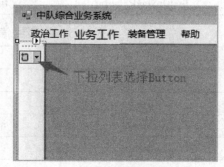

图 4-12　设置 ToolStrip 位置

表 4-3 即时通信按钮 toolStripButton1 属性设置

属 性	设 置 参 数	说 明
DisplayStyle	ImageAndText	按钮上同时显示图片和文字
Image	自定义	显示在按钮上的图片
Name	toolStripButton1	名字
Text	即时通信	显示文字
TexttImageRelation	ImageAboveText	图片与文字显示相互位置

其中需要的图片可以集中放置在一个文件夹中,方法为首先在项目名字"Zhongdui_ERP"上单击右键,然后依次选择"添加"、"新建文件夹",输入名字"image",这样会在项目目录中出现一个 image,以后可以从网上下载所有需要的图片放置在这个文件夹中集中管理。

(3) 按照上述同样的方法,为"加解密"、"水印与版权保护"、"隐蔽通信"功能模块添加按钮,属性设置分别如表 4-4、表 4-5 和表 4-6 所示。

表 4-4 加解密按钮 toolStripButton2 属性设置

属 性	设 置 参 数	说 明
DisplayStyle	ImageAndText	按钮上同时显示图片和文字
Image	自定义	显示在按钮上的图片
Name	toolStripButton2	名字
Text	加解密	显示文字
TexttImageRelation	ImageAboveText	图片与文字显示相互位置

表 4-5 水印与版权保护按钮 toolStripButton3 属性设置

属 性	设 置 参 数	说 明
DisplayStyle	ImageAndText	按钮上同时显示图片和文字
Image	自定义	显示在按钮上的图片
Name	toolStripButton3	名字
Text	水印与版权保护	显示文字
TexttImageRelation	ImageAboveText	图片与文字显示相互位置

表 4-6 隐蔽通信按钮 toolStripButton4 属性设置

属 性	设 置 参 数	说 明
DisplayStyle	ImageAndText	按钮上同时显示图片和文字
Image	自定义	显示在按钮上的图片
Name	toolStripButton4	名字
Text	隐蔽通信	显示文字
TexttImageRelation	ImageAboveText	图片与文字显示相互位置

完成设计后，左侧工具条效果如图 4-13 所示。

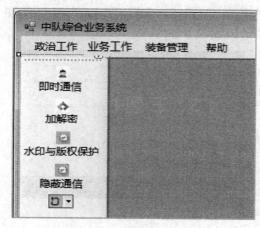

图 4-13　工具条设计完毕后的效果

4.2.3　底部状态栏

本节为主窗体添加状态栏，状态栏通常用来显示一些常用的信息，如时间、登录用户等；底部状态栏采用 System.Windows.Forms.StatusStrip 组件。

(1) 按照前节介绍的方法，在工具箱中找到"StatusStrip"组件，拖放到主窗体中，然后点击右侧下三角图标，添加两个"StatusLabel"组件(toolStripStatusLabel1 和 toolStripStatusLabel2)。这两个组件属性设置比较简单，只需分别设置"Text"属性为"当前登录用户"和"当前时间"即可，后一个加了若干空格，目的是使两个组件之间产生距离，分别如图 4-14 和图 4-15 所示。

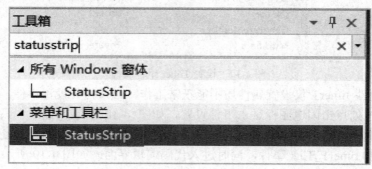

图 4-14　添加状态栏

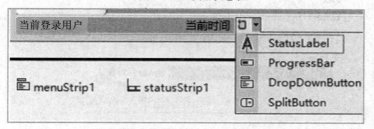

图 4-15　状态栏设计效果

(2) 现在为主窗体添加时间控件 Timer，使得 toolStripStatusLabel2 控件能够时时显示时间。在工具箱编辑器中搜索"timer"，选择"Timer"组件(如图 4-16 所示)，将其拖放到主窗体上。

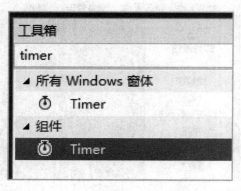

图 4-16 添加 Timer 组件

(3) 选中"timer1"组件，进入属性编辑界面，按照图 4-17 所示的内容设置 timer1 属性，其中 Enabled 为"True"表示组件可用，Interval 为"1000"表示该"timer1"组件每隔 1000 毫秒自动触发一次时钟事件。

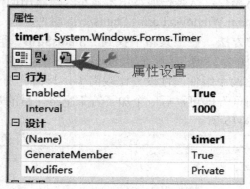

图 4-17 设置 Timer 组件属性

(4) 时钟组件 timer1 仅设置属性还不能正常工作，必须为其设置事件，在属性编辑界面上方的工具栏处点击闪电图标进入事件设置，如图 4-18 所示。该组件只有一个事件，即 Tick，默认情况下为空，表示不触发该事件；在 Tick 事件后面的空白处双击，系统自动为 timer1 添加 timer1_Tick 事件，同时进入代码编辑界面，如图 4-19 所示。

图 4-18 设置 Timer 组件事件

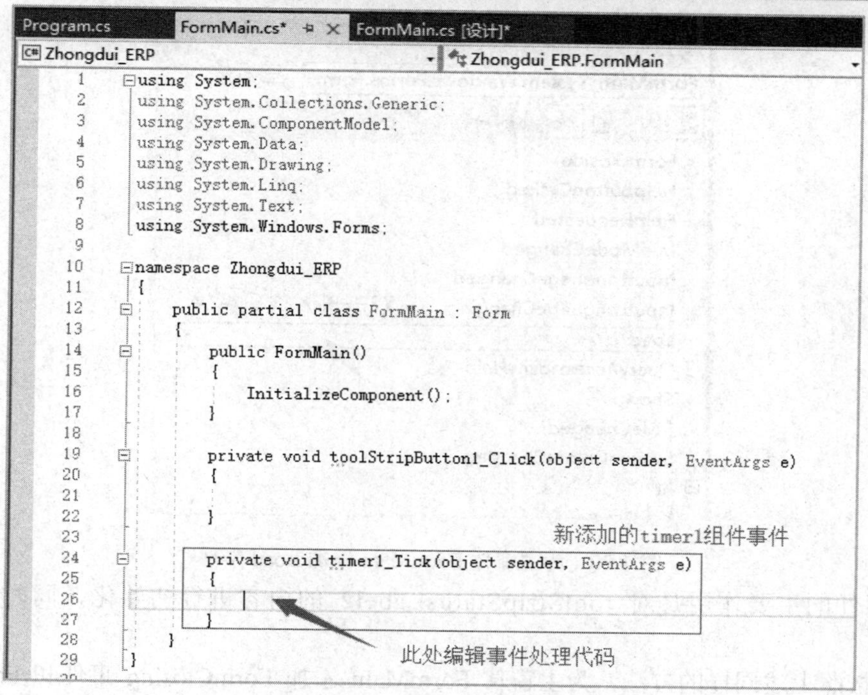

图 4-19 timer1 组件的 timer1_Tick 事件代码编辑界面

(5) 将 timer1_Tick 事件的代码设置为如下形式，其中 DateTime.Now 为获取系统当前时间，toolStripStatusLabel2.Text 表示前文状态栏中 toolStripStatusLabel2 的显示文字，完成设置后，toolStripStatusLabel2 每隔一秒刷新并显示当前日期和时间。

```csharp
private void timer1_Tick(object sender, EventArgs e)
{
    toolStripStatusLabel2.Text ="            当前时间："+ DateTime.Now.ToString();
}
```

4.2.4 主窗体事件

通常一个窗体本身包含很多事件，如窗体启动、窗体关闭，等等。在系统实际运行时，窗体启动需要加载一些基础信息，而窗体关闭一般需要提供询问用户是否确认要关闭等功能。

(1) 为主窗体 FormMain 添加 Load 事件(该事件是当窗体装载时完成的动作)，选中"FormMain"，在属性编辑器中点击"事件"闪电图标，在列表中找到"Load"事件，在其后空白处双击，系统将自动添加 FormMain_Load 事件(如图 4-20 所示)，同时进入代码编辑界面。其代码编写如下：

```csharp
private void FormMain_Load(object sender, EventArgs e)
{
    toolStripStatusLabel2.Text += DateTime.Now.ToString();        //状态栏显示时间
}
```

图 4-20 为主窗体 FormMain 添加 Load 事件

该事件的主要作用是对 toolStripStatusLabel2 的内容进行初始化，同时显示当前时间。

(2) 按照上述同样的方法，为主窗体 FormMain 添加 FormClosing 事件和 FormClosed 事件。FormClosing 事件的代码如下，其主要功能是当用户点击"关闭"按钮时进行询问(此时窗口并没有关闭)。

```
private void FormMain_FormClosing(object sender, FormClosingEventArgs e)
{
    if (MessageBox.Show("确定要退出吗?","提示", MessageBoxButtons.YesNo,
        MessageBoxIcon.Information)== DialogResult.Yes)
    {
        e.Cancel =false;            //确认退出
    }
    else
    {
        e.Cancel =true;             //不退出
    }
}
```

FormClosed 事件代码如下，其主要功能是当窗口真正关闭时，让系统完全结束运行。

```
private void FormMain_FormClosed(object sender, FormClosedEventArgs e)
{
    System.Environment.Exit(0);      //这是最彻底的退出方式
    //不管什么线程都被强制退出，把程序结束得很干净
}
```

4.2.5 通用模块设计

在一个应用程序中，通常有些功能或模块是系统中多个模块都需要用到的，如数据库访问功能、文件访问功能，等等。本系统中也有若干功能模块属于通用性的，因此我们将其单独拿出来设计。本节介绍两个通用类 OperatorFile 类和 PropertyClass 类，OperatorFile 类用来读取本地文件配置信息，PropertyClass 类用来保存系统登录用户信息。

(1) 打开解决方案资源管理器编辑界面，在 Zhongdui_ERP 项目上单击右键，选择"添加"→"新建文件夹"，输入"CommClass"，完成新建文件夹任务，如图 4-21 所示。

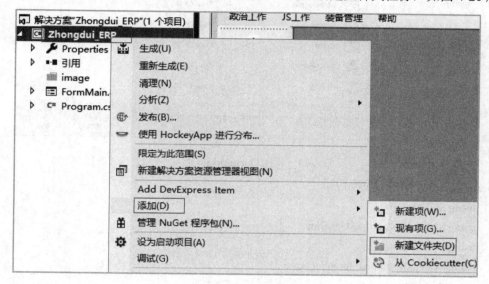

图 4-21　添加通用模块文件夹 CommClass

(2) 在 CommClass 文件夹上单击右键，选择"添加"→"新建项"（如图 4-22 所示），在添加新项界面选择"类　Visual C#项"，在下方名称栏输入"OperatorFile.cs"完成添加（如图 4-23 所示）。OperatorFile 类的主要功能是从本地文件读取一些配置信息，如数据库配置信息等，其用法将在后文介绍。

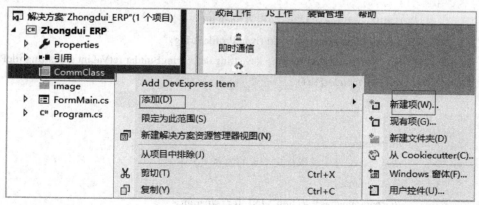

图 4-22　添加新建项

图 4-23 新建 OperatorFile 类

OperatorFile.cs 类的代码如下：

```
using System;
using System.Collections.Generic;
using System.Linq;
using System.Runtime.InteropServices;
using System.Text;

namespace Zhongdui_ERP.CommClass
{
    class OperatorFile
    {
        [DllImport("kernel32")]    //引入 shell.dll
        public static extern int GetPrivateProfileString
            (string section,string key,string def, StringBuilder retVal,int size,string filePath);
        public OperatorFile()
        {
        }
        /// <summary>
        ///从 INI 文件中读取指定节点的内容
        /// </summary>
        /// <param name="section">INI 节点</param>
        /// <param name="key">节点下的项</param>
```

/// <param name="def">没有找到内容时返回的默认值</param>
/// <param name="filePath">要读取的 INI 文件</param>
/// <returns>读取的节点内容</returns>

```csharp
public static string GetIniFileString(string section,string key,string def,string filePath)
{
            StringBuilder temp =new StringBuilder(1024);
            GetPrivateProfileString(section, key, def, temp,1024, filePath);
            return temp.ToString();
}
    }
}
```

上述代码中 DllImport("kernel32")表示引入 kernel32.dll 这个动态链接库，这个动态链接库里面包含了很多 WindowsAPI 函数，如果要用到其中某个函数，则需要声明，如 GetPrivateProfileString 就是一个获取文件内容的方法。

(3) 按照上述方法，在 CommClass 文件夹下再添加一个类"PropertyClass"，该类的主要作用是当用户登录以后将其登录信息保存在这个类中，从而可以在应用程序中访问。其代码如下：

```csharp
using System;
using System.Collections.Generic;
using System.Linq;
using System.Text;
namespace Zhongdui_ERP.CommClass
{
    class PropertyClass
    {
            public static string m_UserID;          //用户 id
            public static string UserID
            {
                get
                {
                    return m_UserID;
                }
                set
                {
                    m_UserID =value;
                }
            }
            public static string m_UserName;        //用户 Name
```

```csharp
        public static string UserName
        {
            get
            {
                return m_UserName;
            }
            set
            {
                m_UserName =value;
            }
        }
        private static string m_PassWord;        //用户密码
        public static string PassWord
        {
            get
            {
                return m_PassWord;
            }
            set
            {
                m_PassWord =value;
            }
        }
        private static string m_Role;        //角色标记,与数据库关联
        publicstatic string Role
        {
            get
            {
                return m_Role;
            }
            set
            {
                m_Role =value;
            }
        }
    }
}
```

(4) 打开 FormMain.cs 代码编辑器，将 4.2.4 节为主窗体添加的 Load 事件代码修改如下。由于在 FormMain.cs 文件里用到了 PropertyClass.cs 中的 PropertyClass 类，而 PropertyClass 类所在的命名空间属于"Zhongdui_ERP.CommClass"，因此需要将语句

"using Zhongdui_ERP.CommClass;"添加到 FormMain.cs 的最开头。这样，每当窗体首次打开时，状态栏的两个组件就会初始化显示登录用户(后续章节介绍用户登录的设计)和系统时间。

```
private void FormMain_Load(object sender, EventArgs e)
{
    toolStripStatusLabel2.Text += DateTime.Now;             //状态栏显示时间
    toolStripStatusLabel1.Text += PropertyClass.UserName;   //状态栏显示当前登录用户名
}
```

完成以上设置后，主窗体的设计效果如图 4-24 所示，用户可以根据自己的实际情况对界面进行美化；应用程序的目录结构图如图 4-25 所示；程序运行效果如图 4-26 所示，此时所有菜单项还没有添加事件，还不能响应用户操作。

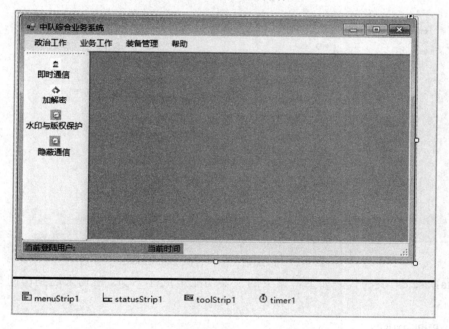

图 4-24　主窗体设计效果

图 4-25　应用程序目录结构图

图 4-26　运行效果

4.2.6 数据库访问模块设计

本系统中需要用到大量与数据库相关的操作，为了方便使用，我们将该类操作集中封装到数据库操作类中。

在 Zhongdui_ERP 项目目录中添加新建文件夹"DataClass"，表示与数据库相关的类，然后在 DataClass 文件夹下添加新建项，在添加新项对话框中选择"类"，输入类名"DataBase.cs"，如图 4-27 所示。

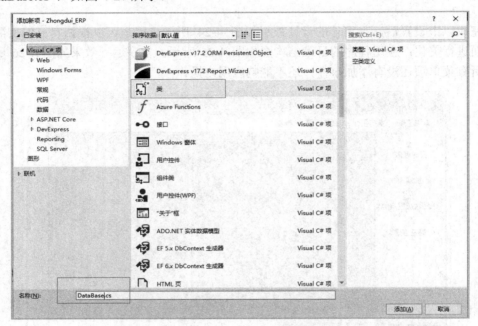

图 4-27 添加数据库操作类 DataBase.cs

DataBase.cs 类的代码如下，该类的主要功能是执行 SQL 语句来达到访问数据库的目的。

```
using System;
using System.Collections.Generic;
using System.Data;
using System.Data.SqlClient;           //网络操作相关命名空间
using System.Linq;
using System.Text;
using System.Windows.Forms;            //窗体相关命名空间
using Zhongdui_ERP.CommClass;          //引用自定义的 CommClass 中的相关类
namespace Zhongdui_ERP.DataClass
{
    class DataBase
    {
        private SqlConnection m_Conn =null;
```

```csharp
private SqlCommand m_Cmd =null;
public DataBase()              //构造方法
{
    //通过自定义的 OperatorFile 类读取配置文件中的信息
    //主要是配置数据库服务器的名字,如果不存在即为空
    string strServer = OperatorFile.GetIniFileString
        ("DataBase","Server","", Application.StartupPath.ToString()+"//ERP.ini");
    //数据库连接字符串
    string strConn ="Server = "+ strServer +";Database=db_ZhongDui_ERP; integrated
        security = SSPI";
    try
    {
        m_Conn =new SqlConnection(strConn);
        m_Cmd =new SqlCommand();
        m_Cmd.Connection = m_Conn;
    }
    catch(Exception e)
    {
        throw e;
    }
}
public SqlConnection Conn
{
    get{return m_Conn;}
}
public SqlCommand Cmd
{
    get{return m_Cmd;}
}
//获取 DataReader
public SqlDataReader GetDataReader(string sqlStr)
{
    SqlDataReader sdr;
    m_Cmd.CommandType = System.Data.CommandType.Text;
    m_Cmd.CommandText = sqlStr;
    try
    {
        if(m_Conn.State == System.Data.ConnectionState.Closed)
        {
            m_Conn.Open();
```

```csharp
        }
        //执行 Transact-SQL 语句(若 SqlDataReader 对象关闭,则对应数据连接也关闭)
            sdr = m_Cmd.ExecuteReader(System.Data.CommandBehavior.CloseConnection);
        }
        catch(Exception e)
        {
            throw e;
        }
        return sdr;
    }
    //获取 DataAdapter
    public SqlDataAdapter GetDataAdapter(string sqlStr)
    {
        SqlDataAdapter sqlDataAdapter;
        try
        {
            if (m_Conn.State == System.Data.ConnectionState.Closed)
            {
                m_Conn.Open();
            }
            sqlDataAdapter =new SqlDataAdapter(sqlStr, Conn);
        }
        catch(Exception e)
        {
            throw e;
        }
        return sqlDataAdapter;
    }
    //获取 DataSet
    public DataSet GetDataSet(string sqlStr)
    {
        SqlDataAdapter sqlDataAdapter;
        DataSet ds =new DataSet();
        try
        {
        if (m_Conn.State == System.Data.ConnectionState.Closed)
        {
            m_Conn.Open();
        }
            sqlDataAdapter =new SqlDataAdapter(sqlStr, Conn);
```

```
                sqlDataAdapter.Fill(ds);
            }
            catch(Exception e)
            {
                throw e;
            }
            return ds;
        }
        //执行一条 SQL 语句，非查询
        internal int ExecuteSql(string strSql)
        {
            int lines =0;
            try
            {
                if(m_Conn.State == ConnectionState.Closed)
                {
                    m_Conn.Open();
                }
                m_Cmd.CommandText = strSql;
                lines = m_Cmd.ExecuteNonQuery();
            }
            catch(Exception e)
            {
                throw e;
            }
            return lines;
        }
    }
}
```

4.3 DevExpress 控件安装

前面系统的开发过程中使用到的控件都是 Visual Studio 2017 自带的，在下一章中，有时候为了开发方便，需要用到第三方控件。本节介绍 DevExpress 控件的安装方法。

DevExpress 的全称为 Developer Express，是全球著名的控件开发公司，其.NET 界面控件 DXperience Universal Suite(Dev 宇宙版)全球知名，获奖无数。DevExpress 控件以界面美观和功能强大著称，拥有大量的示例和帮助文档，开发者能够快速上手。在国内，DevExpress 亦拥有大量的用户，资料比较完善，交流方便。DevExpress 广泛应用于 ECM 企业内容管理、成本管控、进程监督及生产调度，在企业/政务信息化管理中占据一席重要之地。

4.3.1 DevExpress 下载

DevExpress 是收费软件，作为学习，我们可以下载试用版。打开中文官网 https://www.devexpresscn.com/download.html，选择".NET"进行下载(如图 4-28 所示)。这里下载得到的文件是安装下载引导程序，如果有网络可以直接安装，如需离线安装，可下载离线安装包。

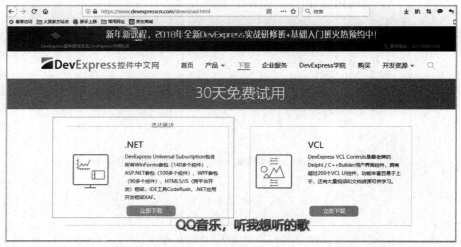

图 4-28 在 DevExpress 中文官网选择.NET 下载

4.3.2 DevExpress 离线安装

获取离线安装包以后，首先关闭 Visual Studio 2017 软件，然后按照图 4-29～图 4-32 的顺序进行安装即可。安装完成之后，在 Visual Studio 2017 工具箱中，将会看到所安装的 DevExpress 控件(如图 4-33 所示)。

图 4-29 DevExpress 安装(1)

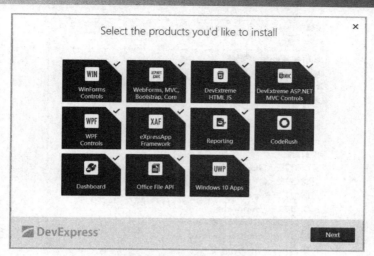

图 4-30　DevExpress 安装(2)

图 4-31　DevExpress 安装(3)

图 4-32　DevExpress 安装(4)

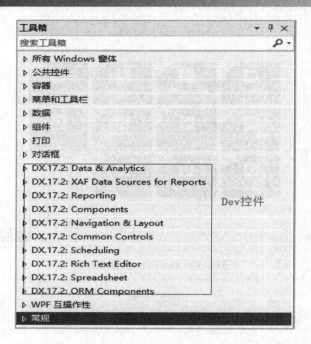

图 4-33　Visual Stuido 2017 工具箱中的 DevExpress 控件

第 5 章　业务功能模块设计与实现

本章开始详细介绍政治工作模块、业务工作模块、装备管理模块的设计与实现，这是本中队管理信息系统的重点。其中，政治工作模块将重点介绍，业务工作和装备管理模块的设计与政治工作相似，主要介绍其设计效果。

5.1　政治工作模块设计与实现

本节详细介绍政治工作模块的设计与实现。政治工作模块主要是对人力资源信息、政策文档、党团员实力等信息进行管理。系统管理员用户可以对以上信息进行增、删、查、改，而普通用户只能进行查阅。

5.1.1　人力资源管理功能

根据第 2 章需求分析，人力资源管理模块的主要功能是对人力资源进行数据库的增、删、查、改等操作。

1. 建立人力资源管理模块窗体

在 Zhongdui_ERP 项目目录中新建文件夹"ZG"，表示"政治工作"，然后在该文件夹上右键选择"Add DevExpress Item"，再选择"New Item…"（如图 5-1 所示），打开新建项模板对话框(如图 5-2 所示)，依次选择"Winforms"、"Ribbon Form"，最后在 Item Name 栏填入"FormZGRenliziyuan.cs"，完成添加。

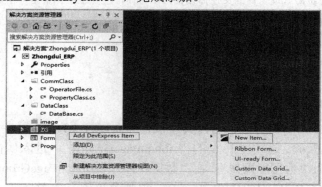

图 5-1　添加 DevExpress 项

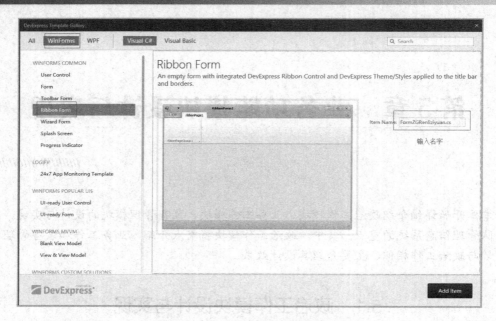

图 5-2 DevExpress 新建项模板对话框

这是 DevExpress 提供的一个窗体模板,可以方便地在其上设置自己想要的效果。

(1) 设置窗体属性。选中"FormZGRenliziyuan"窗体,进入属性设置界面,将其"Text"属性设置为" "(空),这是显示在最上面的文字,此处不需要。

(2) 将人力资源管理窗体与主窗体建立联系。本小节建立的人力资源管理窗体 FormRenliziyuan 与主窗体 FormMain 之间还没有建立联系,当用户点击主窗体 FormMain 中菜单上"政治工作"中的"人力资源管理"菜单时,应该显示人力资源管理窗体。

首先打开主窗体 FormMain,在其菜单上找到"政治工作"中的"人力资源管理"菜单并双击,然后进入代码编辑界面。其代码编辑如下:

```
private void 人力资源管理 ToolStripMenuItem_Click(object sender, EventArgs e)
{
    //新建人力资源管理窗体
    FormZGRenliziyuan formZGRenliziyuan =new FormZGRenliziyuan();
    //将人力资源管理窗体的父窗体设置为主窗体,因为主窗体采用多窗体模式
    formZGRenliziyuan.MdiParent =this;
    //显示窗体
    formZGRenliziyuan.Show();
}
```

2. 编辑窗体菜单

首先选中"ribbonPage1"页,进入属性设置界面,将"Text"属性设置为"人力资源管理",如图 5-3 所示。选中菜单上的"ribbonPageGroup1",进入属性设置界面,将其"Text"属性设置为"数据库操作";在"数据库操作"ribbonPageGroup 上,点击右下角的加号,选择"Add Button(BarButtonItem)",添加菜单项,如图 5-4 所示。选中新建的

"barButtonItem1"项，进入属性设置界面，将其"Name"设置为"bbiNew"，"Caption"属性设置为"增加"；找到 ImageOptions 属性下的"ImageUri"项，点击后面的按钮，为"增加"菜单添加一个图标(如图 5-5 所示)，效果如图 5-6 所示。

按照同样的方法，再添加"删除"、"修改"、"刷新"3 个 Button 菜单项，"Name"属性分别为"bbiDelete"、"bbiModify"、"bbiRefresh"，并分别添加 3 个图标，完成后效果如图 5-7 所示。

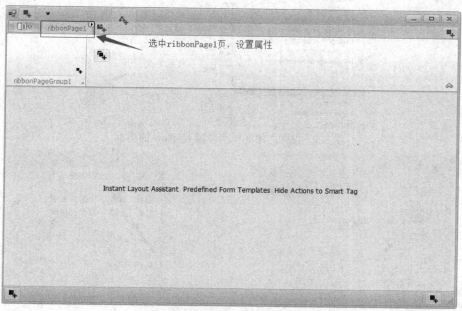

图 5-3　窗体 ribbonPage

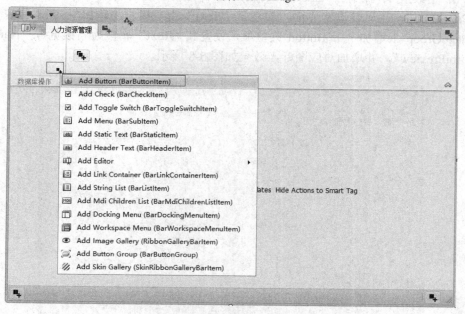

图 5-4　添加菜单项

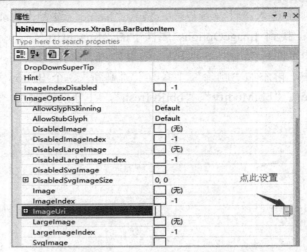

图 5-5 设置"增加"菜单项 bbiNew 的图标

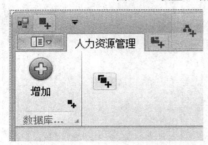

图 5-6 菜单项添加图标效果　　　　　　图 5-7 菜单项效果

点击"数据库操作"ribbonPageGroup 右边的相对较大的加号,增加一个 ribbonPageGroup,在属性设置界面,设置其"Text"为"报表与输出";在"报表"这个 ribbonPageGroup 上增加一个 Button 菜单项,设置其"Text"属性为"预览","Name"属性为"bbiPreview",并增加对应图标,效果如图 5-8 所示。

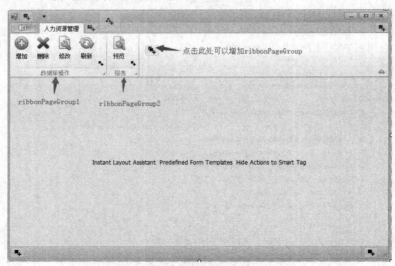

图 5-8 完整菜单图

3. 添加单位树

在人力资源管理窗口的中间区域，将会放置两个主要控件，左边为单位树，右边为对应的人员信息，最终设计界面效果如图5-9所示。单位树用到的控件为 DX: Data&Analytics 下的 TreeList，人力资源信息用到的控件为 DX: Data&Analytics 下的 GridControl。

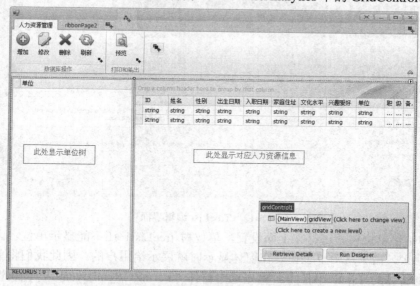

图 5-9　人力资源管理模块界面设计效果

（1）添加单位树控件 TreeList。在工具箱中搜索"treelist"，选择"DX.17.2：Data&Analytics"下的"TreeList"控件(如图 5-10 所示)，将其拖放到窗体左侧适当位置，调整大小。在 treeList1 控件上单击右键，选择"Run Designer"（如图 5-11 所示）进入编辑界面。

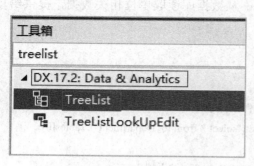

图 5-10　添加 TreeList 控件

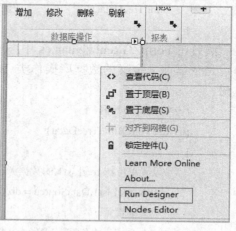

图 5-11　进入 TreeList 控件设计界面

（2）现在为单位树 treeList1 添加列。在 TreeList 编辑界面(如图 5-12 所示)，选中左侧的"Columns"，然后点击右上角带加号的添加列图标增加一列；在右侧属性编辑栏，将增加列的"Caption"属性设置为"单位"，"FieldName"属性设置为"DepartmentName"（这个属性对应着数据库中单位表中的 DepartmentName）。

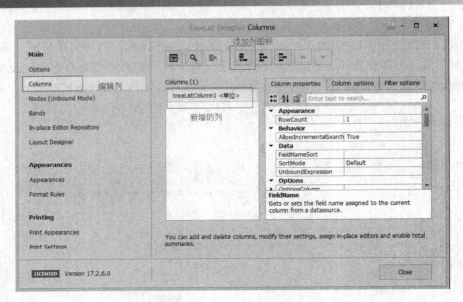

图 5-12　TreeList 编辑界面

(3) 初始化单位树。进行完上面设置，单位树 treeList1 还不能显示单位，因为没有与数据库相连接。由于这个单位树是在窗体显示时就展示给用户的，因此我们将单位树数据的加载放到窗体的 Load 事件中。首先选中窗体"FormZGRenliziyuan"，在属性页面，点击闪电图标进入事件编辑栏，在事件列表中选择"Load"事件，在其后的空白处双击进入代码编辑界面。将 FormZGRenliziyuan_Load 方法的代码编辑如下：

```
private void FormZGRenliziyuan_Load(object sender, EventArgs e)
{
    BlindTreeData();         //初始化树的数据
}
```

然后在 FormZGRenliziyuan.cs 中添加 BlindTreeData()方法的代码如下。该方法的主要作用是依靠前文定义的数据库操作类 DataBase 从数据库读取单位相关数据，提供给单位树。

```
//初始化树的数据
private void BlindTreeData()
{
    //设置单位树 treeList1 的数据源，该数据源来源于
    this.treeList1.DataSource = db.GetDataSet("select * from tb_Department").Tables[0];
    //关键设置
    this.treeList1.KeyFieldName ="DepartmentCode";   //关键设置
    this.treeList1.ParentFieldName ="ShangjiCode";   //父节点为上级单位代码
    this.treeList1.Columns[0].Caption ="单位";
    this.treeList1.RootValue ="00";   //表示树的根，数据库中中队的上级单位为 00
                                       //设置复选框
    this.treeList1.OptionsView.ShowCheckBoxes =true;
```

```
//this.treeList1.ExpandAll();
//设置复选框允许有第三种状态
//this.treeList1.OptionsBehavior.AllowIndeterminateCheckState = true;
//第一层下所有节点展开
this.treeList1.Nodes[0].ExpandAll();
//设置不能编辑，可以产生双击事件和单击事件
this.treeList1.OptionsBehavior.Editable =false;
//初始化时将树的所有节点选中
this.treeList1.CheckAll();
}
```

上述方法代码中，第一行使用了 FormZGRenliziyuan 类的成员变量 db，需要先定义，在 FormZGRenliziyuan 类中添加如下代码即可，同时需要在最前面引入相关命名空间。

```
//***     其他命名空间引入，此处省略    ****//
using Zhongdui_ERP.DataClass;//引入自定义的数据库操作命名空间
public partial class FormZGRenliziyuan : DevExpress.XtraBars.Ribbon.RibbonForm
{
    DataBase db =new DataBase();//定义数据库访问变量
    //***     其他变量和方法代码，此处省略    ****//
}
```

此时，运行效果如图 5-13 所示，这时能正确显示所有单位和上下级单位之间的关系，但当操作某一个单位前的复选框时并不会引起其上级(或下级)单位复选框的变化，这是不符合系统实际要求的，因此我们需要为这项操作设置事件响应。

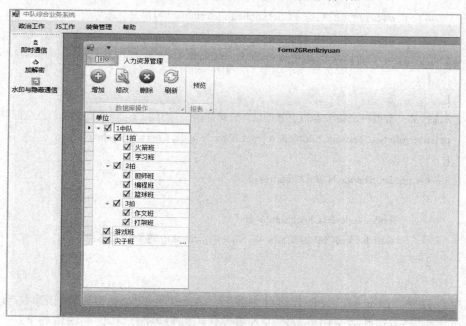

图 5-13　单位树 treeList1 运行效果

(4) 设置单位树复选框的事件。在 FormZGRenliziyuan.cs 代码中添加 SetCheckedChildNodes、SetCheckedParentNodes 两个方法：SetCheckedChildNodes 方法的作用是当选中或者不选中一个父单位节点时，其下的所有子单位节点都选中或不选中；SetCheckedParentNodes 的作用是每选中或不选中一个节点时，需要检查其父节点是否需要选中或者不选中，依次类推。这两个方法的代码如下，其中用到的 TreeListNode 类需要在 FormZGRenliziyuan.cs 最前面引入相关命名空间"using DevExpress.XtraTreeList.Nodes;"。

```csharp
//当子节点的状态发生变化后，设置父节点状态
private void SetCheckedParentNodes(TreeListNode node, CheckState checkState)
{
    if (node.ParentNode!=null)               //判断父节点是否存在
    {
        bool b =false;
        CheckState state;
        for (int i=0;i<node.ParentNode.Nodes.Count;i++)        //遍历所有节点
        {
            state =(CheckState)node.ParentNode.Nodes[i].CheckState;
            if (!checkState.Equals(state))
            {
                b =!b;
                break;
            }
        }
        //设置节点的状态，CheckState.Indeterminate 为第三状态
        node.ParentNode.CheckState = b?CheckState.Indeterminate:checkState;
        SetCheckedParentNodes(node.ParentNode, checkState);     //递归调用本身
    }
}
//选择某一节点时，该节点的子节点全部选择取消某一节点时，该节点的子节点全部取消选择
private void SetCheckedChildNodes(TreeListNode node, CheckState check)
{
    for (int i=0;i<node.Nodes.Count;i++)
    {
        node.Nodes[i].CheckState = check;
        SetCheckedChildNodes(node.Nodes[i], check);//递归调用本身
    }
}
```

选中单位树"treeList1"，在其事件中找到"AfterCheckNode"事件(该事件当用户点击节点之后触发)，在其后空白处双击进入事件代码编辑界面。其代码编辑如下：

```
private void treeList1_AfterCheckNode(object sender, DevExpress.XtraTreeList.NodeEventArgs e)
{
    SetCheckedChildNodes(e.Node, e.Node.CheckState);     //子节点操作
    SetCheckedParentNodes(e.Node, e.Node.CheckState);    //父节点操作
}
```

此时，在运行单位树程序点击节点之后，将引起父节点或子节点相关联动操作。

4．添加人力资源信息显示控件

(1) 在工具箱中找到 DX.17.2:Data&Analytics 下的"GridControl"控件，将其拖放到窗体适当位置(如图 5-14 所示)。

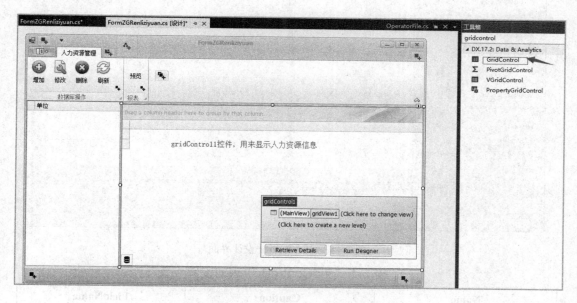

图 5-14　添加 GridControl 控件

(2) 绑定 gridControl1 的数据源。在 FormZGRenliziyuan 窗体的"Load"事件中增加给 gridControl1 绑定数据源的代码，如下：

```
private void FormZGRenliziyuan_Load(object sender, EventArgs e)
{
    //初始化单位树的数据
    BlindTreeData();
    //访问数据库，数据从视图 view_Renyuan 读取
    DataSet ds = db.GetDataSet("select * from view_Renyuan");
    //设置 GridControl 控件数据源
    gridControl1.DataSource = ds.Tables[0];
    this.gridView1.BestFitColumns();    //设置自动列宽，girdview1 为 gridControl1 的子项
}
```

(3) 设置 gridControl1 显示列。点击 gridControl1 右下角的"Run Designer"按钮，进入设置界面(如图 5-15 所示)，在左侧选择"Columns"编辑，然后在右侧增加列 12 列，这里显示的列为 3.2.3 节中设计的 view_Renyuan 中的所有列。按照表 5-1 设置所有列属性，其中 Name 为列名，Caption 为列头显示的文字，FieldName 为与数据源对应的数据项。

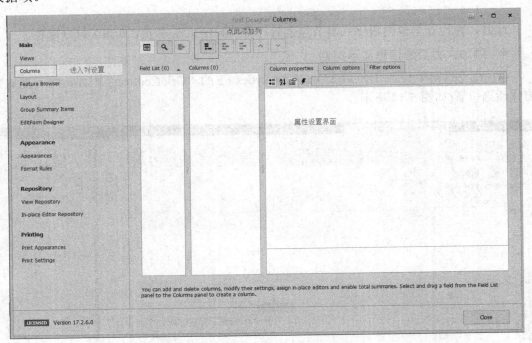

图 5-15 GridControl 设计界面

表 5-1 gridControl1 中列的设置

Name	Caption	FieldName
gridColumn1	ID	RenyuanID
gridColumn2	姓名	RenyuanName
gridColumn3	出生日期	Birthday
gridColumn4	性别	Sex
gridColumn5	入职日期	JoinDate
gridColumn6	家庭地址	FamilyAddress
gridColumn7	文化水平	EducationLevel
gridColumn8	兴趣爱好	Hobby
gridColumn9	职务	Post
gridColumn10	单位	DepartmentName
gridColumn11	衔级	TitleRankName
gridColumn12	备注	Remark

gridControl1 列设计界面效果如图 5-16 所示，运行效果如图 5-17 所示。

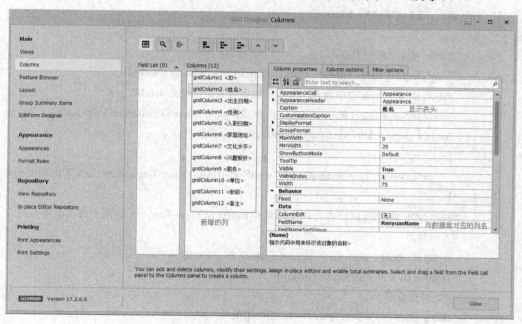

图 5-16　gridControl1 列设计界面效果

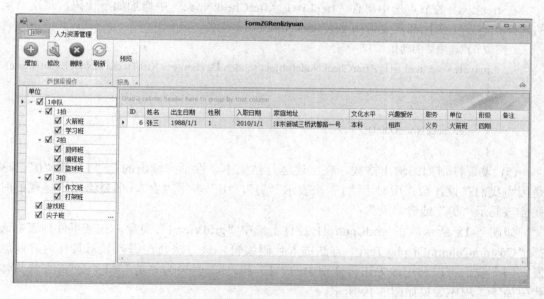

图 5-17　gridControl1 运行效果

(4) 将 gridControl1 控件与单位树控件 treeList1 关联，当选择单位后，gridControl1 显示该单位的人员信息。

在 FormZGRenliziyuan.cs 添加 getCheckNodeDate 方法，该方法的作用是根据当前选中的单位节点，从数据库中查找出对应单位的人员，并且赋值给 gridControl1 控件。代码如下：

```csharp
//每次选择后要更新数据
private void getCheckNodeDate()
{
    //对所有选中的节点操作
    List<TreeListNode> allNode =this.treeList1.GetAllCheckedNodes();
    //先从 tb_Renyuan 表中查找出对应单位所有人员的 RenyuanID
    String strSql ="select RenyuanID from tb_Renyuan where DepartmentCode='aa'";
    for (int i =0; i < allNode.Count; i++)//遍历所有单位节点
    {
        strSql +=" or DepartmentCode='"+ allNode[i].GetValue("DepartmentCode").ToString()+"'";
    }
    //利用 SQL 语句的 in 操作符,根据 RenyuanID 从 view_Renyuan 视图中查询出所有的
    //人员信息
    strSql ="select * from view_Renyuan where RenyuanID in ("+strSql+")";
    DataSet ds = db.GetDataSet(strSql);
    //更新数据源
    this.gridControl1.DataSource = ds.Tables[0];
}
```

在 treeList1 的节点选中事件"treeList1_AfterCheckNode"中增加如下代码,每次节点的选择状态发生变化都需要调用 getCheckNodeDate 方法。

```csharp
//节点选中后的动作
private void treeList1_AfterCheckNode(object sender, DevExpress.XtraTreeList.NodeEventArgs e)
{
    //……
    getCheckNodeDate();
}
```

(5) 设置性别列的输出格式。在上述运行结果中,性别列输出的是"1"和"0",这是因为我们在设计数据库时用"1"来表示"男","0"表示"女",但是给用户呈现的时候应该显示"男"或者"女"。

如图 5-18 所示,在 gridControl1 控件上选中"gridView1"对象,在其事件列表中选择"CustomColumnDisplayText"方法进入代码编辑,该方法会在每列显示具体内容前触发,因此我们可以利用此方法将性别中的"1"和"0"替换为"男"和"女",方法具体代码如下。程序效果如图 5-19 所示。

```csharp
private void gridView1_CustomColumnDisplayText(object sender,
DevExpress.XtraGrid.Views.Base.CustomColumnDisplayTextEventArgs e)
{
    if (e.Column.FieldName =="Sex")     //定位到 Sex 列
    {
        if (e.Value.ToString().Trim()=="1")
```

```
            {
                    e.DisplayText ="男";
            }
            else if (e.Value.ToString().Trim()=="0")
            {
                    e.DisplayText ="女";
            }
            else
            {
                    e.DisplayText ="输入错误！";
            }
        }
}
```

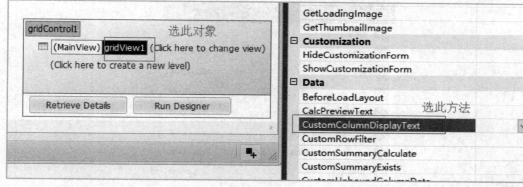

图 5-18 设置 gridView1 方法

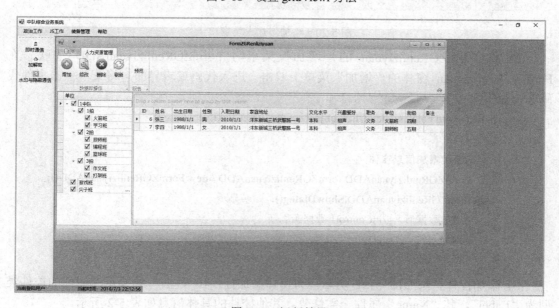

图 5-19 运行效果

5. 增加人力资源信息功能

当用户点击人力资源管理窗体 FormZGRenliziyuan 上的"增加"按钮时，将会弹出一个窗体，用户输入人员相关信息，点击"保存"即可将该人员信息保存到数据库中。

(1) 建立增加人员信息窗体。打开解决方案资源管理器窗口，在"ZG"文件夹下添加新建项(如图 5-20 所示)，新建用于增加人员的窗体"FormZGRenliziyuanADD"，设置该窗体"Text"属性为"增加人员信息"。

图 5-20 添加增加人员窗口

(2) 将 FormZGRenliziyuan 的"增加"菜单与 FormZGRenliziyuanADD 关联。在 FormZGRenliziyuan 窗体的"增加"菜单上双击，进入代码编辑界面。将菜单点击事件代码编辑如下：

  private void bbiNew_ItemClick(**object** sender, ItemClickEventArgs e)
  {
    //新建增加信息窗体
    FormZGRenliziyuanADD formZGRenliziyuanADD =**new** FormZGRenliziyuanADD();
    formZGRenliziyuanADD.**ShowDialog**(); //显示
    //增加数据后，gridControl1 数据源刷新
    getCheckNodeDate();
  }

(3) 添加控件。按照图 5-21 所示，为窗体添加控件，"姓名"等提示性控件的控件类型为"Label"，其"Name"属性无需修改。其他控件的具体信息如表 5-2 所示。

第 5 章 业务功能模块设计与实现

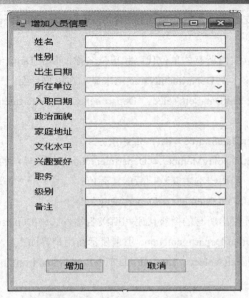

图 5-21 增加人员窗口

表 5-2 增加人员窗体 FormZGRenliziyuanADD 中控件信息

控件类型	Name 属性	输入信息含义
TextBox	tbName	姓名
CombBox	cmbSex	性别
DateEdit	deBirthday	出生日期
CombBox	cmbDepartment	所在单位
DateEdit	deJoindate	入职日期
TextBox	tbPoliticalStatus	政治面貌
TextBox	tbFamilyAddress	家庭地址
TextBox	tbEducationLevel	文化水平
TextBox	tbHobby	兴趣爱好
TextBox	tbPost	职务
CombBox	cmbTitleRank	级别
RichTextBox	RtbRemark	备注
Button	btnAdd	增加
Button	btnCancel	取消

(4) 初始化数据。在本窗体中，有些内容是由用户直接输入的，如姓名、出生日期等，但所在单位、级别等信息由于必须是已经存在的单位和级别，因此在窗体加载时，系统应该从数据库将此信息读取出来供用户选择。此功能在窗体加载时完成。

选中 "FormZGRenliziyuanADD" 窗体，在其事件中找到 "Load" 事件，双击后进入代码编辑界面，将其代码编辑如下。注意：需要在类 FormZGRenliziyuanADD 内添加数据库操作对象 ds 的定义语句 "DataBase db = new DataBase();"，同时在该文档最前面需添加命名空间引用 "using Zhongdui_ERP.DataClass;"。

```csharp
private void FormZGRenliziyuanADD_Load(object sender, EventArgs e)
{
    //从数据库中读取出所有的单位代码和单位名称,其中 DepartmentCode
    //用来唯一标识,而 DepartmentName 用来显示在用户界面上
    DataSet ds = db.GetDataSet("select   DepartmentCode,DepartmentName from tb_Department");
    //设置数据源
    cmbDepartment.DataSource = ds.Tables[0];
    cmbDepartment.DisplayMember ="DepartmentName";   //显示的字段
    //隐藏的字段,当用户选中某一项后的实际值
    cmbDepartment.ValueMember ="DepartmentCode";
    //从数据库中读取出所有的衔级代码和衔级名称,其中 DepartmentCode
    //用来唯一标识,而 DepartmentName 用来显示在用户界面上
    ds = db.GetDataSet("select   TitleRankID,TitleRankName from tb_TitleRank");
    //设置数据源
    cmbTitleRank.DataSource = ds.Tables[0];
    cmbTitleRank.DisplayMember ="TitleRankName";   //显示的字段
    //隐藏的字段,当用户选中某一项后的实际值
    cmbTitleRank.ValueMember ="TitleRankID";   //隐藏的字段,当用户选中某一项后的实际值
    //加载性别项
    cmbSex.Items.Add("男");
    cmbSex.Items.Add("女");
}
```

增加人员窗体运行效果如图 5-22 所示。

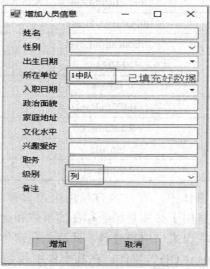

图 5-22 增加人员窗口运行效果

(5) 为"增加"按钮添加事件。当用户点击"增加"按钮时,系统首先判断用户输入是否合法,如果合法,则读取每个控件中的信息,并将其保存到数据库中。

双击"增加"按钮即可进入该按钮的"Click"事件编辑界面。其代码编辑如下：

```csharp
private void btnAdd_Click(object sender, EventArgs e)
{
    //判断信息输入是否完整
    if (string.IsNullOrWhiteSpace(tbName.Text)
        ||string.IsNullOrWhiteSpace(tbFamilyAddress.Text)
        ||string.IsNullOrWhiteSpace(tbHobby.Text)
        ||string.IsNullOrWhiteSpace(tbEducationLevel.Text)
        ||string.IsNullOrWhiteSpace(tbPoliticalStatus.Text)
        ||string.IsNullOrWhiteSpace(cmbDepartment.Text)
        ||string.IsNullOrWhiteSpace(cmbSex.Text)
        ||string.IsNullOrWhiteSpace(cmbTitleRank.Text)
        ||string.IsNullOrWhiteSpace(deBirthday.Text)
        ||string.IsNullOrWhiteSpace(deJoindate.Text)
        ||string.IsNullOrWhiteSpace(tbPost.Text))
    {
        MessageBox.Show("信息输入不完整，请继续完善","提示",
            MessageBoxButtons.OK, MessageBoxIcon.Information);
        return;
    }
    //获取姓名
    String Name = tbName.Text.ToString().Trim();
    //获取单位代码 DepartmentCode
    String DepartmentCode = cmbDepartment.SelectedValue.ToString().Trim();//获取选中行的隐藏值 Code
    //获取性别
    String Sex = cmbSex.SelectedItem.ToString();
    if (Sex =="男")   //将"男"或"女"转换为1或0，与数据库对应
    {
        Sex ="1";
    }
    else if (Sex =="女")
    {
        Sex ="0";
    }
    //获取出生日期
    String Birthday = deBirthday.Text;
    //获取入职日期
    String JoinDate = deJoindate.Text;
```

```csharp
//获取政治面貌
String PoliticalStatus = tbPoliticalStatus.Text.ToString().Trim();
//获取家庭地址
String FamilyAddress = tbFamilyAddress.Text.ToString().Trim();
//获取文化水平
String EducationLevel = tbEducationLevel.Text.ToString().Trim();
//获取兴趣爱好
String Hobby = tbHobby.Text.ToString().Trim();
//获取职务
String Post= tbPost.Text.ToString().Trim();
//获取衔级代码 TitleRankID
String TitleRankID = cmbTitleRank.SelectedValue.ToString().Trim();//获取选中行的隐藏值 Code
//获取备注
String Remark = rtbRemark.Text.ToString().Trim();
//建立插入记录的 SQL 语句
String strSql ="insert into tb_Renyuan(RenyuanName,Birthday,DepartmentCode,Sex, "+
"JoinDate,PoliticalStatus,FamilyAddress,EducationLevel,Hobby,Post,TitleRankID,Remark) "+"
values('"+ Name +"','"+ Birthday +"','"+ DepartmentCode +"','"+ Sex +"','"+ JoinDate+"','"+
PoliticalStatus +"','"+ FamilyAddress +"','"+ EducationLevel +"','"+
Hobby +"','"+ Post +"','"+ TitleRankID +"','"+ Remark+"')";
//执行插入语句，如果返回数大于 0，说明插入成功
if (db.ExecuteSql(strSql)>0)
{
    MessageBox.Show("插入成功！");
}
else
{
    MessageBox.Show("插入失败，请联系管理员！");
}
}
```

(6) 为"取消"按钮添加事件。用户点击"取消"按钮时，关闭当前窗口。双击"取消"按钮进入代码编辑，为 btnCancel_Click 方法添加一句代码"this.Close();"即可。

6．修改人力资源信息功能

当用户点击人力资源管理窗体 FormZGRenliziyuan 上的"修改"按钮时，会弹出一个窗体，将当前选中人员的信息显示在此窗体中，用户可以对这些信息进行修改，点击"保存"按钮即可将该人员信息保存到数据库中。

(1) 建立修改人员信息窗体。打开解决方案资源管理器窗口，在"ZG"文件夹下添加新建项(如图 5-20 所示)，新建用于修改人员的窗体"FormZGRenliziyuanModify"，设置该窗体"Text"属性为"修改人员信息"。

(2) 添加控件。按照图 5-23 所示，为窗体添加控件，"姓名"等提示性控件的控件类型为"Label"，其"Name"属性无需修改。其他控件的具体信息如表 5-3 所示。

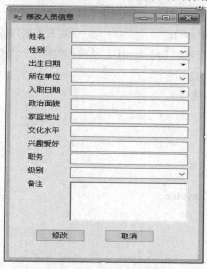

图 5-23　修改人员窗口设计

表 5-3　修改人员窗体 FormZGRenliziyuanModify 中控件信息

控件类型	Name属性	输入信息含义
TextBox	tbName	姓名
CombBox	cmbSex	性别
DateEdit	deBirthday	出生日期
CombBox	cmbDepartment	所在单位
DateEdit	deJoindate	入职日期
TextBox	tbPoliticalStatus	政治面貌
TextBox	tbFamilyAddress	家庭地址
TextBox	tbEducationLevel	文化水平
TextBox	tbHobby	兴趣爱好
TextBox	tbPost	职务
CombBox	cmbTitleRank	级别
RichTextBox	RtbRemark	备注
Button	btnModify	修改
Button	btnCancel	取消

(3) 初始化数据。用户打开修改窗体时，如果用户已经选择了一个人员，则在窗体中显示该人员的所有信息；如果用户没有选中特定的人员，则默认显示 gridControl1 中第一

个人员的信息。此功能可以先通过获取人员的 RenyuanID，然后从数据库中读取所有信息。因此存在一个关键技术问题，即从显示 FormZGRenliziyuanModify 窗体的时候，需要把 FormZGRenliziyuan 窗体中获取的 RenyuanID 信息传递过去。

首先在 FormZGRenliziyuanModify 类中定义 DataBase 对象，以及用来接收人员 ID 的成员变量 RenyuanID。FormZGRenliziyuanModify.cs 中增加的代码如下，同时在该文档最前面需添加命名空间引用 "using Zhongdui_ERP.DataClass;"。

```
            DataBase db = new DataBase();              //定义数据库操作对象
            //用来接收父窗口传递过来的 RenyuanID，从而知道修改的是哪条记录
            private string _RenyuanID;
            //属性，对 _RenyuanID 进行操作
            public string RenyuanID
            {
                set     //设置
                {
                    _RenyuanID = value;
                }
                get     //获取
                {
                    return _RenyuanID;
                }
            }
```

选中 FormZGRenliziyuanModify 窗体，在其事件中找到 "Load" 事件，双击后进入代码编辑界面。其代码编辑如下：

```
            private void FormZGRenliziyuanModify_Load(object sender, EventArgs e)
            {
                /* 为三个 combbox 组件获取待选数据*/
                //从数据库获取所有的单位名和 DepartmentCode 信息
                DataSet ds1 = db.GetDataSet("select DepartmentCode,DepartmentName from tb_Department");
                //设置 cmbDepartment 数据源
                cmbDepartment.DataSource = ds1.Tables[0];
                cmbDepartment.DisplayMember = "DepartmentName";        //显示出来的项
                cmbDepartment.ValueMember = "DepartmentCode";          //实际值项
                //从数据库获取所有的衔级名 TitleRankName 和衔级 TitleRankID 信息
                DataSet ds2 = db.GetDataSet("select TitleRankID,TitleRankName from tb_TitleRank");
                //设置 cmbTitleRank 数据源
                cmbTitleRank.DataSource = ds2.Tables[0];
                cmbTitleRank.DisplayMember = "TitleRankName";          //显示出来的项
                cmbTitleRank.ValueMember = "TitleRankID";              //实际值项
                //加载性别：
```

cmbSex.Items.Add("男");
cmbSex.Items.Add("女");
/*填充数据*/
//根据 RenhyuanID 获取当前人员记录的所有信息显示在相应的控件中
//这个 RenhyuanID 是由 FormZGRenliziyuan 窗体点击"修改"按钮时传进来的
DataSet ds3 = db.GetDataSet("select * from tb_Renyuan where RenyuanID='"+ RenyuanID +"'");
//直接填充当前选中人员的数据
tbName.Text = ds3.Tables[0].Rows[0]["RenyuanName"].ToString().Trim();
tbPoliticalStatus.Text = ds3.Tables[0].Rows[0]["PoliticalStatus"].ToString().Trim();
tbFamilyAddress.Text = ds3.Tables[0].Rows[0]["FamilyAddress"].ToString().Trim();
tbEducationLevel.Text = ds3.Tables[0].Rows[0]["EducationLevel"].ToString().Trim();
tbHobby.Text = ds3.Tables[0].Rows[0]["Hobby"].ToString().Trim();
tbPost.Text = ds3.Tables[0].Rows[0]["Post"].ToString().Trim();
deBirthday.Text = ds3.Tables[0].Rows[0]["Birthday"].ToString().Trim();
deJoindate.Text = ds3.Tables[0].Rows[0]["JoinDate"].ToString().Trim();
rtbRemark.Text = ds3.Tables[0].Rows[0]["Remark"].ToString().Trim();
//对于 combobox 组件，要直接显示文本，必须将 DropDownStyle 属性设置为 DropDown，
//填充男女信息
if(ds3.Tables[0].Rows[0]["Sex"].ToString().Trim()=="1")
{
    cmbSex.SelectedIndex =0;   //选中第 0 个选项，显示男
}
else if (ds3.Tables[0].Rows[0]["Sex"].ToString().Trim()=="0")
{
    cmbSex.SelectedIndex =1;   //选中第 1 个选项，显示女
}
//先得到 departmentCode
String departmentCode = ds3.Tables[0].Rows[0]["DepartmentCode"].ToString().Trim();
//根据 departmentCode，通过查询数据库得到单位名字
DataSet ds4 = db.GetDataSet("select DepartmentName from tb_Department where DepartmentCode = '"+ departmentCode +"'");
String departmentName = ds4.Tables[0].Rows[0]["DepartmentName"].ToString().Trim();
//通过比对文本，选中 departmentName 对应的项
this.cmbDepartment.SelectedIndex =**this**.cmbDepartment.FindString(departmentName);
//先得到 titleRankID
String titleRankID = ds3.Tables[0].Rows[0]["TitleRankID"].ToString().Trim();
//根据 titleRankID，通过查询数据库得到衔级名字
DataSet ds5 = db.GetDataSet("select TitleRankName from tb_TitleRank where TitleRankID = '"+ titleRankID +"'");

```
            String titleRankName = ds5.Tables[0].Rows[0]["TitleRankName"].ToString().Trim();
        //通过比对文本，选中 titleRankName 对应的项
            this.cmbTitleRank.SelectedIndex = this.cmbTitleRank.FindString(titleRankName);
    }
```

(4) 为"修改"按钮添加事件。当用户点击"修改"按钮时，系统首先判断用户输入是否合法，如果合法，则读取每个控件中的信息，并将其保存到数据库中。

双击"修改"按钮即可进入该按钮的"Click"事件编辑界面。其代码编辑如下：

```
//点击修改按钮触发的事件
private void btnModify_Click(object sender, EventArgs e)
{
    //判断信息输入是否完整
    If (string.IsNullOrWhiteSpace(tbName.Text)
            ||string.IsNullOrWhiteSpace(tbFamilyAddress.Text)
            ||string.IsNullOrWhiteSpace(tbHobby.Text)
            ||string.IsNullOrWhiteSpace(tbEducationLevel.Text)
            ||string.IsNullOrWhiteSpace(tbPoliticalStatus.Text)
            ||string.IsNullOrWhiteSpace(cmbDepartment.Text)
            ||string.IsNullOrWhiteSpace(cmbSex.Text)
            ||string.IsNullOrWhiteSpace(cmbTitleRank.Text)
            ||string.IsNullOrWhiteSpace(deBirthday.Text)
            ||string.IsNullOrWhiteSpace(deJoindate.Text)
            ||string.IsNullOrWhiteSpace(tbPost.Text))
    {
            MessageBox.Show("信息输入不完整，请继续完善","提示", MessageBoxButtons.OK, MessageBoxIcon.Information);
            return;
    }
    //获取姓名
    String Name = tbName.Text.ToString().Trim();
    //获取单位代码 DepartmentCode
    String DepartmentCode = cmbDepartment.SelectedValue.ToString().Trim();//获取选中行的隐藏值 Code
    //获取性别
    String Sex = cmbSex.SelectedItem.ToString();
    if(Sex =="男")          //将"男"或"女"转换为 1 或 0，与数据库对应
    {
            Sex ="1";
    }
    else if (Sex =="女")
```

```
        {
            Sex ="0";
        }
//获取出生日期
String Birthday = deBirthday.Text;
//获取入职日期
String JoinDate = deJoindate.Text;
//获取政治面貌
String PoliticalStatus = tbPoliticalStatus.Text.ToString().Trim();
//获取家庭地址
String FamilyAddress = tbFamilyAddress.Text.ToString().Trim();
//获取文化水平
String EducationLevel = tbEducationLevel.Text.ToString().Trim();
//获取兴趣爱好
String Hobby = tbHobby.Text.ToString().Trim();
//获取职务
String Post = tbPost.Text.ToString().Trim();
//获取衔级代码 TitleRankID
String TitleRankID = cmbTitleRank.SelectedValue.ToString().Trim(); //获取选中行的隐藏值 Code
//获取备注
String Remark = rtbRemark.Text.ToString().Trim();
//建立修改选定记录的 SQL 语句
String strSql ="update tb_Renyuan set RenyuanName='"+ Name +"',DepartmentCode='"+ DepartmentCode +"', Sex='" +Sex+"', Birthday='"+ Birthday +"', JoinDate='"+ JoinDate +"', Remark='"+ Remark +"', PoliticalStatus='"+ PoliticalStatus +"', TitleRankID='"+ TitleRankID +"', FamilyAddress='"+ FamilyAddress +"', EducationLevel='"+ EducationLevel +"', Post='"+ Post +"', Hobby='"+ Hobby +"' "+"where RenyuanID='"+ RenyuanID +"';";
// 执行修改 SQL 语句，如果返回值大于 0，则说明修改成功
if (db.ExecuteSql(strSql)>0)
{
        MessageBox.Show("修改成功！");
}
else
{
        MessageBox.Show("修改失败，请联系管理员！");
}
}
```

(5) 将窗体 FormZGRenliziyuan 的"修改"菜单与窗体 FormZGRenliziyuanModify 关联。

这里有一个关键点，就是需要将当前选中的人员 RenyuanID 传送到 FormZGRenliziyuan 窗体中去。在 FormZGRenliziyuan 窗体的"修改"菜单上双击，进入代码编辑界面。将修改菜单点击事件代码编辑如下：

```
//点击修改菜单调用的方法
private void bbiModify_ItemClick(object sender, ItemClickEventArgs e)
{
    //先获取所选记录的 RenyuanID
    string RenyuanID = gridView1.GetRowCellValue(this.gridView1.FocusedRowHandle,
                    this.gridView1.Columns[0]).ToString();
    //新建修改信息窗体
    FormZGRenliziyuanModify formZGRenliziyuanEdit =new FormZGRenliziyuanModify();
    //传递参数
    formZGRenliziyuanEdit.RenyuanID = RenyuanID;
    //显示窗体
    formZGRenliziyuanEdit.ShowDialog();
    //修改数据后，gridControl1 数据源刷新
    getCheckNodeDate();
}
```

（6）为"取消"按钮添加事件。用户点击"取消"按钮时，关闭当前窗口。双击"取消"按钮进入代码编辑界面，为 btnCancel_Click 方法添加一句代码"this.Close();"即可。

7．删除人力资源信息功能

当用户点击人力资源管理窗体 FormZGRenliziyuan 上的"删除"按钮时，询问用户是否确认要删除，如果确认删除，则应该将当前选中人员的信息从数据库中删除。

双击 FormZGRenliziyuan 窗体上"删除"菜单，进入"Click"事件编辑界面。将删除菜单的"Click"事件编辑如下：

```
//删除记录
private void bbiDelete_ItemClick(object sender, ItemClickEventArgs e)
{
    //先获取所选记录的 ID
    string RenyuanID = gridView1.GetRowCellValue(this.gridView1.FocusedRowHandle,
                    this.gridView1.Columns[0]).ToString();
    //删除之前先询问
    if ( MessageBox.Show("确定要删除 ID 为'"+ RenyuanID +"'的记录吗？","删除",
        MessageBoxButtons.YesNoCancel,
        MessageBoxIcon.Warning)== DialogResult.Yes)
    {
        //定义用于删除记录的 SQL 语句
        string sql ="delete from    tb_REnyuan where RenyuanID='{0}'";
```

```
//给{0}参数赋值
sql =string.Format(sql, RenyuanID);
//执行删除操作，返回影响的行数
int num = db.ExecuteSql(sql);
if (num ==1)
{
        MessageBox.Show("删除记录成功！");
        //刷新 gridcontrol1 数据源
        getCheckNodeDate();
}
else
{
        MessageBox.Show("删除记录失败！");
}
```

8．刷新功能

当用户点击人力资源管理窗体 FormZGRenliziyuan 上的"刷新"按钮时，gridconrol1 中的人员信息应该重新从数据库读取一遍，达到刷新的目的。

双击 FormZGRenliziyuan 窗体上"刷新"菜单，进入"Click"事件编辑界面。将刷新菜单的"Click"事件编辑如下：

```
private void bbiRefresh_ItemClick(object sender, ItemClickEventArgs e)
{
        getCheckNodeDate();   //刷新，重新获取 gridControl1 的数据源
}
```

9．右键菜单功能

为了方便用户使用，当用户在人力资源信息显示区域点击鼠标右键时，将会弹出快捷菜单，进行增加、修改、删除、刷新等操作。

(1) 在工具箱中搜索 ContexMenuStrip 控件，将其拖放到人力资源管理窗体 FormRenliziyuan 中，在菜单上增加"增加"、"修改"、"删除"、"刷新"四个选项，如图 5-24 所示。

(2) 将右键菜单 contextMenuStrip1 与 gridControl1 关联。

选中"gridControl1"控件，将其"ContextMenuStrip"属性设置为"contextMenuStrip1"即可实现关联，系统运行时当用户在 gridControl1 控件上方区域点击右键时将会显示 contextMenuStrip1 菜单。

图 5-24 增加右键菜单

(3) 编辑菜单事件。这里的菜单事件和 FormRenliziyuan 窗体上的菜单 bbiNew、bbiModify、bbiDelete、bbiReresh 本质上是一样的，因此当用户点击右键菜单上的"增加"时，只需要调用 FormRenliziyuan 窗体上的菜单 bbiNew 即可，其他菜单也是如此。

在设计界面，通过双击右键菜单的菜单项，即可进入代码编辑界面。将它们的点击事件编辑如下：

```csharp
private void 增加ToolStripMenuItem_Click(object sender, EventArgs e)
{
    //调用 bbiNew 菜单的点击事件
    bbiNew.PerformClick();
}
private void 修改ToolStripMenuItem_Click(object sender, EventArgs e)
{
    //bbiModify
    bbiModify.PerformClick();
}
private void 删除ToolStripMenuItem_Click(object sender, EventArgs e)
{
    //调用 bbiDelete 菜单的点击事件
    bbiDelete.PerformClick();
}
private void 刷新ToolStripMenuItem_Click(object sender, EventArgs e)
{
    //调用 bbiRefresh 菜单的点击事件
    bbiRefresh.PerformClick();
}
```

10. 报表功能

为了方便用户使用，在获取信息之后通常需要使用报表的形式将数据导出。本系统使用了 Dev 的 GridControl 控件来显示数据，而该控件自带报表功能，可以方便地使用。

(1) 双击 FormRenliziyuan 窗体上的预览菜单 "bbiPreview"，进入代码编辑界面。将代码设置如下：

```csharp
//报表
private void bbiPreview_ItemClick(object sender, ItemClickEventArgs e)
{
    gridControl1.ShowRibbonPrintPreview();   //显示报表预览
}
```

运行效果如图 5-25 所示，用户可以自定义地设置需要的报表形式。

第 5 章 业务功能模块设计与实现

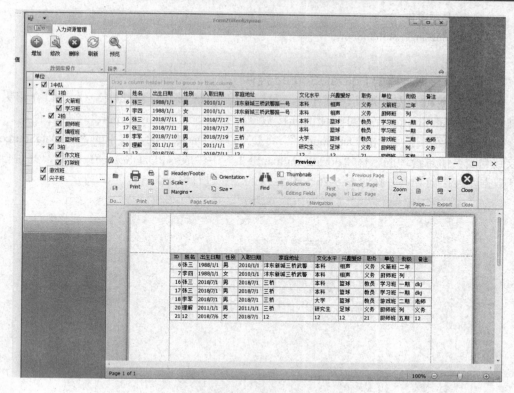

图 5-25 报表运行效果

5.1.2 党团员实力管理功能

党团员实力的信息是存放在人员表 tb_Renyuan 中的，本节从此表中专门显示其中的党团员信息。由于增、删、改功能在 5.1.1 节中已经实现，因此本节主要提供查看功能。

1．建立党团员实力管理窗体

打开解决方案资源管理器窗口，在"ZG"文件夹下添加新建项，选择 windows 窗体，新建用于实现党团员信息管理的窗体"FormDangtuanShili"，设置该窗体"Text"属性为"党团员实力管理"。

将党团员实力管理窗体与主窗体 FormMain 关联。当用户点击主窗体 FormMain 中菜单上"政治工作"中的"党团员实力"菜单时，应该显示党团员实力管理窗体。首先打开主窗体 FormMain，在其菜单上找到"政治工作"中的"党团员实力"菜单并双击，进入代码编辑界面。其代码编辑如下：

```
private void 党团员实力 ToolStripMenuItem_Click(object sender, EventArgs e)
{
    //新建党团员信息管理窗体
    FormDangtuanShili formDangtuanShili =new FormDangtuanShili();
    //将党团员信息窗体的父窗体设置为主窗体，即 this
    formDangtuanShili.MdiParent =this;
```

· 97 ·

//显示窗体

formDangtuanShili.Show();

}

2．添加连接数据库的 SqlDataSource 控件

在 5.1.1 节对人力资源信息管理时，我们使用了代码来连接数据库，本节将介绍另外一种使用 SqlDataSource 控件可视化的连接数据库方式，以供 GridControl 等控件使用。

(1) 在工具箱中搜索 "SqlDataSource"，将 DX.17.2: Data&Analytics 下的 "SqlDataSource" 拖放到党团员信息管理的窗体 "FormDangtuanShili" 中生成 sqlDataSource1 对象，此时自动打开数据库连接向导，并按照图 5-26～图 5-29 的顺序进行设置。

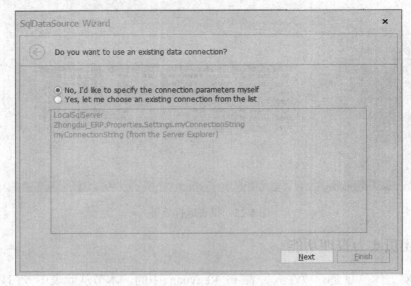

图 5-26 SqlDataSource 向导(1)

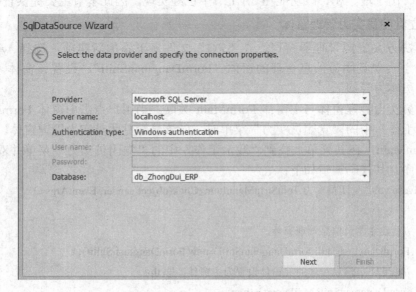

图 5-27 SqlDataSource 向导(2)

第 5 章　业务功能模块设计与实现

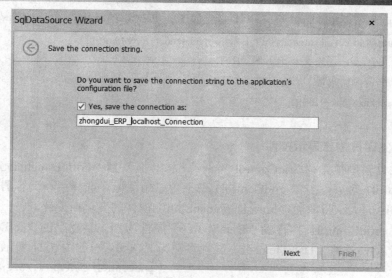

图 5-28　SqlDataSource 向导(3)

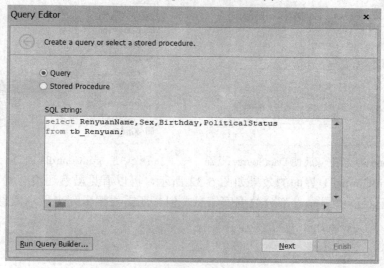

图 5-29　SqlDataSource 向导(4)

其中，在图 5-26 中选择第一项表示新建一个数据库查询。图 5-27 所示为数据库连接参数，"provider"表示数据库管理系统；"Server name"表示服务器名(默认为本地服务器"localhost")；"Authentication type"表示连接数据库认证方式，根据 1.1.1 中(8)所设置的来填入(区分 windows 身份认证和混合认证模式，混合认证模式需要填入用户名和密码)；"Database"选择本应用系统的数据库"db_ZhongDui_ERP"。图 5-28 所示为本次连接的名字，可在以后调用。图 5-29 所示为获取数据的 SQL 语句，选择"Query"，输入 SQL 语句"select RenyuanName, Sex, Birthday, PoliticalStatus from tb_Renyuan"完成设置。这样，sqlDataSource1 就已经完成了对数据库的连接。

(2) 为数据源 sqlDataSource1 填充数据。虽然 sqlDataSource1 已经连接上了数据库，但是并没有从数据库中读取出真正数据。选中"FormDangtuanShili"窗体，进入其

· 99 ·

"Load"事件代码编辑界面，将其事件编写如下，即可实现数据源数据的填充。

```
private void FormDangtuanShili_Load(object sender, EventArgs e)
{
    //当窗体加载时，为数据源 sqlDataSource1 填充数据
    sqlDataSource1.Fill();
}
```

3．添加党团员信息显示控件

(1) 在工具箱中搜索"GridControl 控件"，将其拖放到"FormDangtuanShili"窗体上生成 gridControl1 对象，点击 gridControl1 右上角三角图标，选择"在父容器中停靠"，这样 gridControl1 的大小将随着"FormDangtuanShili"窗体的变化而变化。

(2) 设置 gridControl1 控件的"DataSource"属性为 5.1.2 建立的"sqlDataSource1"（如图 5-30 所示），并将"DataMember"属性设置为"Query"（如图 5-31 所示）。

图 5-30　gridControl1 数据源属性 DataSource 设置　　　图 5-31　gridControl1 的 DataMember 属性

此时，gridControl1 界面的效果如图 5-32 所示，可以看见虽然还没有编写代码，可是 gridControl1 已经能够显示一部分数据库信息，但是还需要编辑列来显示信息。

图 5-32　gridControl1 设置完数据源后的效果

(3) 设置 gridControl1 控件列。点击 gridControl1 右下角的"Run Designer"进入设计界面(如图 5-33 所示),选中左侧的"Columns",可以发现此时已经自动生成了 4 个列(这 4 个列是 5.1.2 节中 sqlDataSource1 通过 Query 的 SQL 语句得到的),此处只需要修改每个列的"Caption"属性即可,分别设置为"姓名"、"性别"、"出生日期"和"政治面貌"。

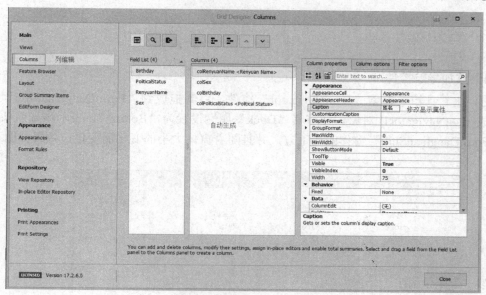

图 5-33 gridControl1 列编辑

(4) 设置性别列的输出格式。性别列输出的是"1"和"0",这是因为我们在设计数据库时用"1"来表示"男","0"表示"女",但是给用户呈现的时候我们应该直接显示"男"或者"女"。

在 gridControl1 控件上选中"gridView1"对象,在其事件列表中选择"Custom-ColumnDisplayText"方法进入代码编辑,该方法会在每列显示具体内容前触发,因此我们可以利用此方法将性别中的"1"和"0"替换为"男"和"女"。方法具体代码如下,程序效果如图 5-19 所示。

```
private void gridView1_CustomColumnDisplayText(object sender,
DevExpress.XtraGrid.Views.Base.CustomColumnDisplayTextEventArgs e)
{
    if (e.Column.FieldName =="Sex")    //定位到 Sex 列
    {
        if (e.Value.ToString().Trim()=="1")
        {
            e.DisplayText ="男";
        }
        else if (e.Value.ToString().Trim()=="0")
        {
            e.DisplayText ="女";
```

```
            }
            else
            {
                e.DisplayText ="输入错误！";
            }
        }
    }
```

4．添加导航控件

(1) 在工具箱中搜索"DataNavigator"控件，将其拖放到"FormDangtuanShili"窗体上生成 dataNavigator1 对象，并将其"Dock"属性设置为"Bottom"，表示该导航条放置在"FormDangtuanShili"窗体的最下方，并且随着窗体大小的变化而变化，效果如图 5-34 所示。

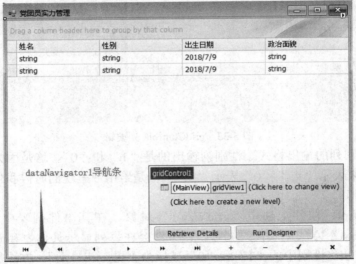

图 5-34 添加 DataNavigator 导航条效果

(2) 如图 5-35 所示，将 dataNavigator1 的"DataSource"属性设置为 5.1.2 节新建的"sqlDataSource1"；将"DataMember"属性设置为"Query"，这样导航条 sqlDataSource1 就和 5.1.2 节中的 gridControl1 一样，实现了和 SQL 语句"select RenyuanName, Sex, Birthday, PoliticalStatus from tb_Renyuan"所得到数据的连接。

图 5-35 设置 dataNavigator1 数据源属性

(3) 设置 dataNavigator1 显示按钮。默认情况下，dataNavigator1 包含"Append"(增加)等 10 个按钮选项，通过设置按钮的"Visible"属性可以显示和隐藏相关按钮，如图 5-36 所示。

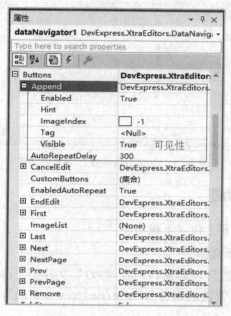

图 5-36　DataNavigator 按钮"Buttons"设置

我们在本系统中只需要将"First"、"Last"、"Next"、"NextPage"、"Prev"、"PrevPage" 6 个按钮显示即可，其余 4 个按钮通过设置"Visible"属性为"False"可以实现隐藏。

设置 dataNavigator1 的"TextLocation"为"End"，将"TextStringFormat"属性设置为"第{0}条共{1}条"，这样在 dataNavigator1 的最后面将显示当前记录的顺序信息，效果如图 5-37 所示。

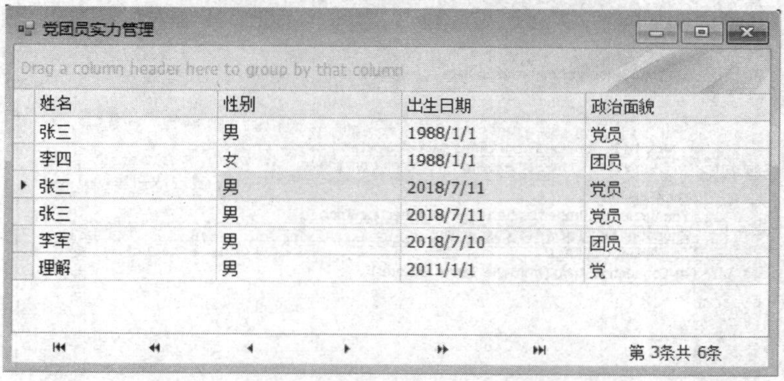

图 5-37　DataNavigator 运行效果

(4) GridControl 控件的分类查看功能。在图 5-37 所示的操作界面，用鼠标将"政治面貌"一列拖放到表的最上方，可以实现按"政治面貌"分类查看的功能，效果如图 5-38 所示。

图 5-38 GridControl 控件的分类功能

5.1.3 政策文档显示功能

本节实现文档的显示和上传、下载功能。

1. 添加政策文档显示窗体

（1）打开解决方案资源管理器窗口，在"ZG"文件夹下添加新建项，选择 windows 窗体，新建用于文档信息管理的窗体"FormZhengcewendang"，设置该窗体"Text"属性为"政策文档管理"。

（2）将政策文档管理窗体与主窗体 FormMain 关联(通过菜单点击事件)。

2. 添加 SqlDataSource 数据源控件

（1）在工具箱中搜索"SqlDataSource"，将 DX.17.2: Data & Analytics 下的"SqlDataSource"拖放到政策文档管理窗体"FormZhengcewendang"中生成 sqlDataSource1 对象，在弹出的数据连接向导中可以选择已经存在的 5.1.2 节建立的连接"ZhongDui_ERP_Localhost_Connection"（具体名称根据实际情况选择），如图 5-39 所示。

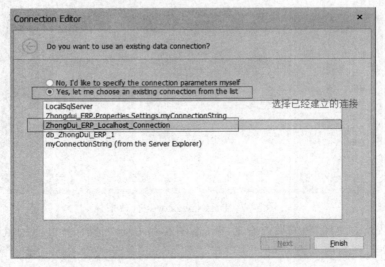

图 5-39 选择已有数据连接

(2) 在设置查询"Query"界面，将代码编写为"select * from tb_Document;"，如图 5-40 所示。

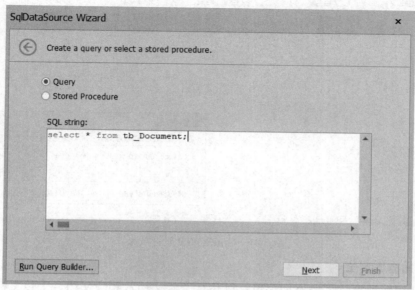

图 5-40 设置查询语句

(3) 为数据源 sqlDataSource1 填充数据。虽然 sqlDataSource1 已经连接上了数据库，但是并没有从数据库中读取出真正数据。选中"FormZhengcewendang"窗体，进入其"Load"事件代码编辑界面。将其事件编写如下，即可实现数据源数据的填充。

  private void FormZhengcewendang_Load(**object** sender, EventArgs e)
  {
    //当窗体加载时，为数据源 sqlDataSource1 填充数据
    sqlDataSource1.Fill();
  }

3. 添加政策文档信息显示控件

(1) 在工具箱中搜索 GridControl 控件，将其拖放到"FormZhegncewendang"窗体上生成 gridControl1 对象，点击 gridControl1 右上角三角图标，选择"在父容器中停靠"，这样 gridControl1 的大小将随着"FormZhegncewendang"窗体的变化而变化。

(2) 设置 gridControl1 控件的"DataSource"属性为 5.1.3 建立的"sqlDataSource1"，并将"DataMember"属性设置为"Query"。

(3) 设置 gridControl1 控件列。点击 gridContro1 右下角的"Run Designer"进入设计界面(如图 5-33 所示)，选中左侧的"Columns"，可以发现此时已经自动生成了 6 列(这 6 列是 5.1.3 节中 sqlDataSource1 通过 Query 的 SQL 语句得到的)。

由于文档内容"colDocumentContent"采用的二进制数据，在这里不能正确显示，需要单独的窗体来显示，所以此处删除列"colDocumentContent"。

修改每个列的"Caption"属性，分别设置为"文档编号"、"文档名称"、"文档建立时间"、"文档类型"和"备注"，效果如图 5-41 所示。

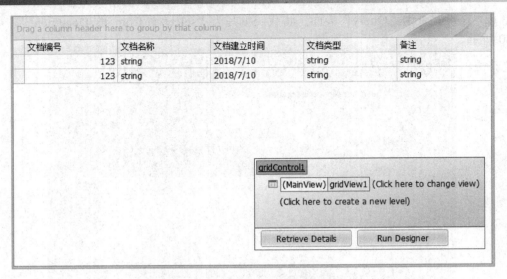

图 5-41 GridControl 设计效果

4．添加窗体菜单

政策文档管理窗体需要添加菜单，以执行查看文档、删除文档、上传文档等功能(添加菜单操作具体细节可参考 4.2.1 节主窗体菜单的编辑方法)。

从工具箱中拖放一个 MenuStrip 控件，然后增加 4 个菜单项，如图 5-42 所示。

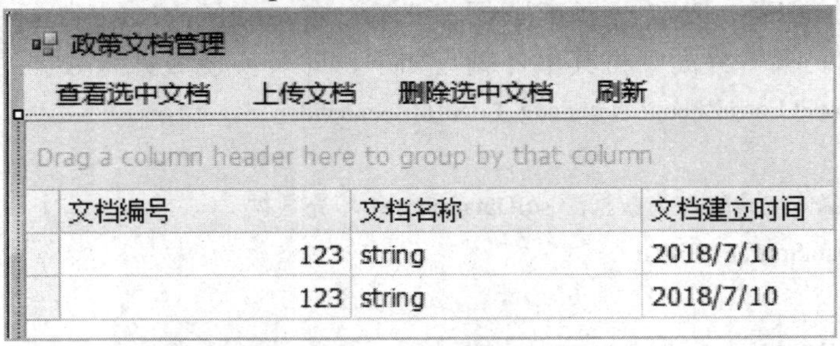

图 5-42 政策文档窗体添加菜单

5．添加实现上传文档功能窗体

(1) 打开解决方案资源管理器窗口，在"ZG"文件夹下添加新建项，选择 windows 窗体，新建用于上传文档的窗体"FormZhengcewendangUpload"，设置该窗体"Text"属性为"上传文档"。

(2) 将上传文档窗体 FormZhengcewendangUpload 与政策文档信息管理窗体 FormZhegncewendang 关联(通过菜单"上传文档"点击事件)。其代码如下：

```
private void 上传文档ToolStripMenuItem_Click(object sender, EventArgs e)
{
    //生成上传文档窗体
    FormZhengcewendangUpload formZhengcewendangUpload =new FormZhengcewendangUpload();
    //以模态方式显示该窗体
```

```
            formZhengcewendangUpload.ShowDialog();
        }
```

(3) 为窗体添加控件。按照图 5-43 和表 5-4 所示的内容为文档上传窗体添加控件。

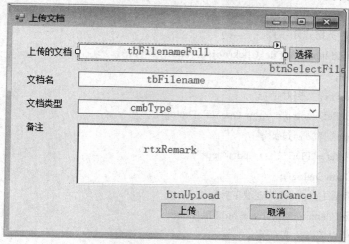

图 5-43　上传文档窗体的控件信息

表 5-4　上传文档窗体的控件信息

控件类型	Name属性	输入信息含义
TextBox	tbFilenameFull	上传文档的全路径和文件名，用来读取文件
TextBox	tbFileName	文档名，存放到数据库的"DocumentName"字段
ComboBox	cmbType	文档类型，存放到数据库的"DocumentType"字段，固定为"政治工作"、"业务工作"、"装备工作"3 种
RichTextBox	rtxRemark	文档备注信息
Button	btnSelectFile	弹出选择文件对话框
Button	btnUpload	上传文档
Button	btnCancel	退出

(4) 编辑文档上传窗体 "Load" 事件。当窗体加载时，应该首先为 cmbType 控件加载默认的 3 种文档类型。其代码如下：

```
//窗体加载事件
private void FormZhengcewendangUpload_Load(object sender, EventArgs e)
{
    //为文档类型控件初始化默认的 3 个选项
    cmbType.Items.Add("政治工作");
    cmbType.Items.Add("业务工作");
    cmbType.Items.Add("装备工作");
}
```

(5) 编辑"选择"控件 btnSelectFile 的"Click"事件。点击"选择"按钮时，弹出选择文件对话框，用户选择需要上传的文档，这里文档类型固定为 pdf 文档，然后在 tbFilenameFull 控件和 tbFileName 控件中显示相关信息。btnSelectFile 控件的"Click"事件代码如下：

```
//选择文件按钮点击事件
private void btnSelectFile_Click(object sender, EventArgs e)
{
    //生成选择文档对话框
    OpenFileDialog ofd =new OpenFileDialog();
    //设置选择文档过滤器
    ofd.Filter ="PDF 文件(*.pdf)|*.pdf";
    ofd.ShowDialog();
    //文件路径及名字，显示在界面上
    this.tbFilenameFull.Text = ofd.FileName;
    //文件名显示在界面上
    this.tbFileName.Text = ofd.SafeFileName;
}
```

(6) 编辑"上传"控件 btnUpload 的"Click"事件。点击"上传"按钮时，首先判断是否输入有效信息，再获取与需上传文档的所有信息，然后建立数据库连接，将其上传至数据库。btnUpload 控件的"Click"事件代码如下：

```
//上传文件按钮点击事件
private void btnUpload_Click(object sender, EventArgs e)
{
    //判断信息输入是否完整
    if (string.IsNullOrWhiteSpace(tbFilenameFull.Text)
        ||string.IsNullOrWhiteSpace(tbFileName.Text)
        ||string.IsNullOrWhiteSpace(cmbType.Text)
        ||string.IsNullOrWhiteSpace(rtxRemark.Text))
    {
        MessageBox.Show("信息输入不完整,请继续完善","提示",
        MessageBoxButtons.OK, MessageBoxIcon.Information);
        return;
    }
    //生成文件流
    FileStream fs =new FileStream(this.tbFilenameFull.Text, FileMode.Open);
    //二进制形式读取
    BinaryReader br =new BinaryReader(fs);
    //将文件内容读入到字节数组 byData 中
    Byte[] byData = br.ReadBytes((int)fs.Length);
```

```csharp
        fs.Close();
        //获取文档类型
        string strDocumentType = cmbType.Text;
        //插入文档的sql字符串
        string sqlStr ="insert into tb_Document(DocumentName, DocumentTime, Type, Remark, DocumentContent) "+
        "values('"+tbFileName.Text+"',@DocumentTime,'"+strDocumentType+"','"+rtxRemark.Text+"',@file)";
        //从db获取数据库连接
        SqlConnection myconn = db.Conn;
        myconn.Open();
        //根据SQL语句建立SQL命令
        SqlCommand mycomm =new SqlCommand(sqlStr, myconn);
        //设置命令参数
        mycomm.Parameters.Add("@file", SqlDbType.Binary, byData.Length);
        mycomm.Parameters.Add("@DocumentTime", SqlDbType.DateTime);
        mycomm.Parameters["@file"].Value = byData;
        mycomm.Parameters["@DocumentTime"].Value = DateTime.Now.ToString();
        //执行插入语句
        if(mycomm.ExecuteNonQuery()>0)
        {
            MessageBox.Show("上传成功！");
        }
        else
        {
            MessageBox.Show("上传失败，请联系管理员！");
        }
        myconn.Close();
    }
```

其中，需要在FormZhengcewendangUpload.cs类中定义"DataBase db = new DataBase();"，并且在文档最前段增加"using Zhongdui_ERP.DataClass;"命名空间引用。其代码如下：

```csharp
using System;
using System.Collections.Generic;
using System.ComponentModel;
using System.Data;
using System.Data.SqlClient;
using System.Drawing;
using System.IO;
using System.Linq;
```

```
using System.Text;
using System.Windows.Forms;
using Zhongdui_ERP.DataClass;
namespace Zhongdui_ERP.ZG
{
    public partial class FormZhengcewendangUpload : Form
    {
        //生成数据操作对象
        DataBase db =new DataBase();
        public FormZhengcewendangUpload()
        {
            InitializeComponent();
        }
```

6．添加文档查看功能窗体

pdf 文档具有特定的格式，因此不能使用普通的控件来查看其内容，我们使用 Dev 的 PdfViewer 控件来实现文档查看功能。

（1）打开解决方案资源管理器窗口，在"ZG"文件夹下添加新建项，选择 windows 窗体，新建用于查看文档的窗体"FormZhengcewendangRead"，设置该窗体"Text"属性为"查看文档"。

为了在本窗体中能显示选中的文档信息，当用户选中一条文档记录之后需要把该文档的 DocumentID 传递到本窗体中。因此存在一个关键技术问题，即显示 FormZhengcewendangRead 窗体的时候，需要把 FormZhengcewendang 窗体中获取的 DocumentID 信息传递过来。

首先在 FormZhengcewendangRead 类中定义 DataBase 对象，以及用来接收文档 ID 的成员变量 DocumentID。FormZhengcewendangRead.cs 中增加的代码如下，同时在该文档最前面需添加数据库操作的命名空间引用"using Zhongdui_ERP.DataClass;"。

```
using System;
using System.Collections.Generic;
using System.ComponentModel;
using System.Data;
using System.Drawing;
using System.Linq;
using System.Text;
using System.Windows.Forms;
using Zhongdui_ERP.DataClass;
namespace Zhongdui_ERP.ZG
{
    public partial class FormZhengcewendangRead : Form
```

```
        {
                //定义数据库操作对象
                DataBase db =new DataBase();
                //用来接收 FormZhengcewendang 窗体传递过来的 DocumentID,
                //从而知道读取的是哪条记录
            private string _DocumentID;
            public string DocumentID    //对_DocumentID 的操作
            {
                set//设置,
                {
                    _DocumentID =value;
                }
                get//获取
                {
                    return _DocumentID;
                }
            }
        }
```

(2) 将查看文档窗体 FormZhengcewendangRead 与政策文档信息管理窗体 FormZhegncewendang 关联(通过菜单"查看选中文档"点击事件)。其代码如下：

```
            private void 查看选中文档ToolStripMenuItem_Click(object sender, EventArgs e)
            {
                //先获取所选记录的 DocumentID
                string DocumentID = gridView1.GetRowCellValue(this.gridView1.FocusedRowHandle,
                    this.gridView1.Columns[0]).ToString();
                //生成查看文档窗体
                FormZhengcewendangRead formZhengcewendangRead =new FormZhengcewendangRead();
                //传递 DocumentID 参数到 formZhengcewendangRead 窗体中
                formZhengcewendangRead.DocumentID = DocumentID;
                //以模态方式显示该窗体
                formZhengcewendangRead.ShowDialog();
            }
```

(3) 为窗体添加 PdfViewer 控件。在工具箱中搜索 PdfViewer 控件，将其拖放到窗体上，生成 pdfViewer1 对象，并将其"Dock"属性设置为"Fill"以填充整个父窗体；点击 pdfViewer1 右上角的三角形，选择"Create All Bars"以显示 pdf 阅读器的工具栏。

(4) pdfViewer1 控件获取文档信息并显示。获取文档信息并显示的动作发生在窗体加载过程中，即窗体 FormZhengcewendangRead 的"Load"事件。其代码如下，运行效果如图 5-44 所示。

```
            //窗体加载事件，显示文档
            private void FormZhengcewendangRead_Load(object sender, EventArgs e)
```

```
    {
        //定义从数据库中查询文档内容的 SQL 语句
        string str ="select DocumentContent from tb_Document where DocumentID=
                    '"+_DocumentID+"';";
        //从 db 获取 SqlDataAdapter
        SqlDataAdapter sda = db.GetDataAdapter(str);
        //定义数据集
        DataSet myds =new DataSet();
        //给数据集填充从数据库读取出的数据
        sda.Fill(myds);
        // 将数据集中的数据保存到字节数组中
        Byte[] Files =(Byte[])myds.Tables[0].Rows[0]["DocumentContent"];
        //将二进制的字节数据保存到文件中，文件目录为引用程序当前目录的 temp.pdf
        BinaryWriter bw =new BinaryWriter(File.Open(Application.StartupPath+"\\temp.pdf",
    FileMode.OpenOrCreate));
        bw.Write(Files);
        bw.Close();
        //pdfviewer1 控件读取文档并显示
        this.pdfViewer1.LoadDocument(Application.StartupPath +"\\temp.pdf");
    }
```

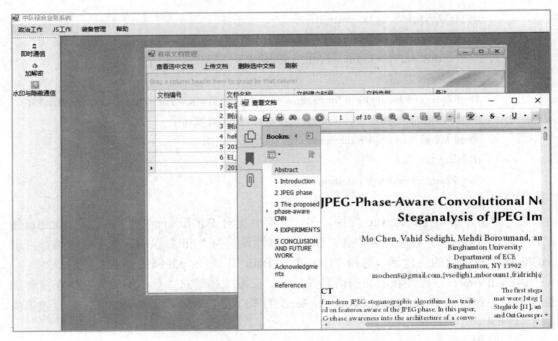

图 5-44 文档显示运行效果

(5) 编辑窗体关闭时的动作。当本窗体关闭时,应该释放所占用的资源,尤其是 pdfViewer1 控件可能已经打开了文件,需要释放,以备该文件能被再次打开或者被其他应用访问。将窗体 FormZhengcewendangRead 的 "FormClosed" 事件代码编辑如下:

```
//窗体关闭时释放资源
private void FormZhengcewendangRead_FormClosed(object sender, FormClosedEventArgs e)
{
    //pdfViewer1 控件可能已经打开了文件,需要释放,以备该文件能
    // 被再次打开或者其他应用访问
    pdfViewer1.Dispose();
}
```

7. 删除政策文档功能

当用户点击菜单上的 "删除选中文档" 按钮时,询问用户是否确认要删除,如果确认删除,则应该将当前选中文档记录的信息从数据库中删除。

双击 FormZhengcewendang 窗体上 "删除选中文档" 菜单,进入 "Click" 事件编辑界面。将删除菜单的 "Click" 事件编辑如下:

```
private void 删除选中文档ToolStripMenuItem_Click(object sender, EventArgs e)
{
    //先获取所选记录的 ID
    string DocumentID = gridView1.GetRowCellValue(this.gridView1.FocusedRowHandle, this.gridView1.Columns[0]).ToString();
    //删除之前先询问
    if (MessageBox.Show("确定要删除 ID 为'"+ DocumentID +"'的记录吗?","删除", MessageBoxButtons.YesNoCancel,
        MessageBoxIcon.Warning)== DialogResult.Yes)
    {
        //定义用于删除记录的 SQL 语句
        string sql ="delete from   tb_Document where DocumentID='{0}'";
        //给{0}参数赋值
        sql =string.Format(sql, DocumentID);
        //执行删除操作,返回影响的行数
        int num = db.ExecuteSql(sql);
        if(num ==1)
        {
            MessageBox.Show("删除记录成功!");
            //刷新 gridcontrol1 数据源,只需要将对应的数据源 sqlDataSource1 重新加载
            //数据即可
            sqlDataSource1.Fill();
        }
```

```
            else
            {
                MessageBox.Show("删除记录失败！");
            }
        }
    }
```

8. 刷新功能

将"刷新"菜单对应的"Click"事件代码编辑如下：

```
private void 刷新ToolStripMenuItem_Click(object sender, EventArgs e)
{
    //刷新 gridcontrol1 数据源，只需要将对应的数据源 sqlDataSource1 重新加载数据即可
    sqlDataSource1.Fill();
}
```

5.2 业务工作模块设计与实现

本节介绍业务工作模块的设计与实现。业务工作模块主要是对值班信息进行管理，对政策文档进行管理。系统管理员用户可以对以上信息进行增、删、查、改，而普通用户只能进行查阅。其中，政策文档功能的实现不需要新建立窗体，我们只要使用 5.1.3 节建立的政策文档管理窗体即可。

5.2.1 值班安排功能

根据第 2 章的需求分析，值班安排模块的主要功能是对一定时间段的值班情况进行计划安排。

本小节内容作为一个开放性课题可自行完成。

5.2.2 政策文档显示功能

装备管理部分的政策文档管理功能与 5.1 节政治工作管理的政策文档管理功能是一致的，因此本节只需要将 5.1.3 节建立的窗体显示即可(即在菜单项点击事件处生成相应窗体)，此处不再赘述。

5.3 装备管理模块设计与实现

本节介绍装备管理模块的设计与实现。装备管理模块主要是对装备器材信息进行增、删、查、改，并对政策文档进行管理。系统管理员用户可以对以上信息进行增、删、查、改，而普通用户只能进行查阅。其中，政策文档功能的实现不需要新建立窗体，我们只要使用 5.1.3 节建立的政策文档管理窗体即可。

5.3.1 装备器材管理功能

根据第 2 章的需求分析，装备器材模块的主要功能是对装备器材进行数据库的增、删、查、改操作。

1. 建立装备器材管理窗体

在 Zhongdui_ERP 项目目录中新建文件夹"ZB"，表示"装备管理"，然后在 ZG 文件夹上右键选择"Add DevExpress Item"，再选择"New Item"，打开新建项模板对话框，依次选择"Winforms"、"Ribbon Form"，然后在 Item Name 栏填入"FormZhuangbeiguanli.cs"，完成添加。

这是 DevExpress 提供的一个窗体模板，可以方便地在其上设置自己想要的效果。

(1) 设置窗体属性。选中"FormZhuangbeiguanli"窗体，进入属性设置界面，将其"Text"属性设置为" "(空)，这是显示在最上面的文字，此处不需要。

(2) 将装备管理窗体与主窗体建立联系。用户点击主窗体 FormMain 中菜单上"装备管理"中的"装备器材"菜单时，应该显示装备管理窗体。

首先进入打开主窗体 FormMain，在其菜单上找到"装备管理"中的"装备器材"菜单并双击，进入代码编辑界面。其代码编辑如下：

```
private void 装备器材 ToolStripMenuItem_Click(object sender, EventArgs e)
{
    //新建装备管理窗体
    FormZhuangbeiguanli formZhuangbeiguanli =new FormZhuangbeiguanli();
    //将父窗体设置为主窗体，即 this
    formZhuangbeiguanli.MdiParent =this;
    //显示窗体
    formZhuangbeiguanli.Show();
}
```

2. 编辑窗体菜单

首先选中"ribbonPage1"页，进入属性设置界面，将"Text"属性设置为"人力资源管理"；然后选中菜单上的"ribbonPageGroup1"，进入属性设置界面，将其"Text"属性设置为"数据库操作"；在"数据库操作"ribbonPageGroup 上，点击右下角的加号，选择"Add Button(BarButtonItem)"，添加菜单项(如图 5-45 所示)；再选中新建的"barButtonItem1"项，进入属性设置界面，将其"Name"设置为"bbiNew"，"Caption"属性设置为"增加"；最后找到 ImageOptions 属性下的 ImageUri 项，点击后面的按钮，为"增加"菜单添加一个图标(如图 5-46 所示)。

按照同样的方法，再添加修改、删除、刷新 3 个 Button 菜单项，"Name"属性分别为"bbiModify""bbiDelete""bbiRefresh"，并分别添加三个图标。

点击"数据库操作"ribbonPageGroup 右边的相对较大的加号，增加一个 ribbonPageGroup，在属性设置界面，设置其"Text"为"报表与输出"；在"报表"这个 ribbonPageGroup 上增加一个 Button 菜单项，设置其"Text"属性为"预览"，"Name"属性为"bbiPreview",增加对应图标,效果如图 5-47 所示。

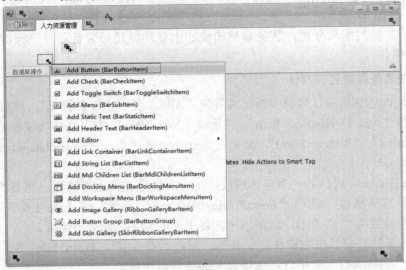

图 5-45 添加菜单项

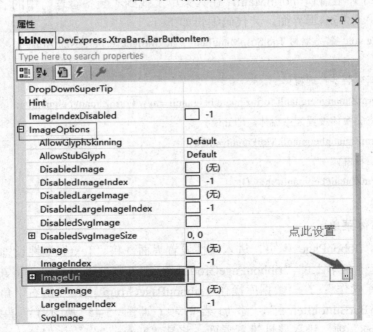

图 5-46 设置"增加"菜单项 bbiNew 的图标

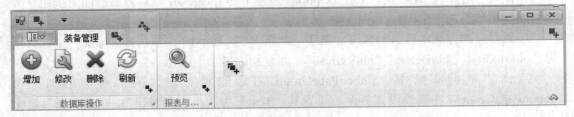

图 5-47 完整菜单图

3. 添加 SqlDataSource 数据源控件

（1）在工具箱中搜索"SqlDataSource"，将 DX.17.2: Data & Analytics 下的"SqlDataSource"拖放到装备管理窗体"FormZhuangbeiguanli"中生成 sqlDataSource1 对象，在弹出的数据连接向导中可以选择已经存在的 5.1.2 节建立的连接"ZhongDui_ERP_Localhost_Connection"（具体名称根据实际情况选择），如图 5-48 所示。

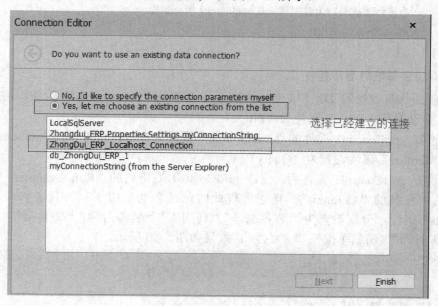

图 5-48　选择已有数据连接

（2）在设置查询"Query"界面，将代码编写为"select * from view_Equipment;"，如图 5-49 所示。

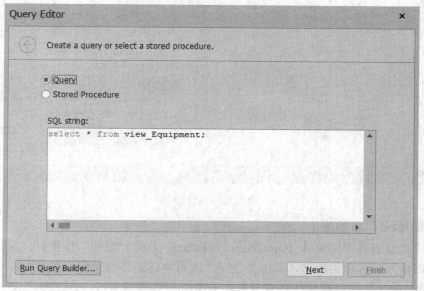

图 5-49　设置查询语句

(3) 为数据源 sqlDataSource1 填充数据。虽然 sqlDataSource1 已经连接上了数据库，但是并没有从数据库中读取出真正数据。选中"FormZhuangbeiguanli"窗体，进入其"Load"事件代码编辑界面。将其事件编辑如下，即可实现数据源数据的填充。

  private void FormZhuangbeiguanli_Load(**object** sender, EventArgs e)
  {
    //当窗体加载时，为数据源 sqlDataSource1 填充数据
    sqlDataSource1.Fill();
  }

4．添加装备信息显示控件

(1) 在工具箱中找到 DX.17.2:Data&Analytics 下的"GridControl"控件，将其拖放到窗体上，并设置其"Dock"属性为"Fill"。

(2) 设置 gridControl1 控件的"DataSource"属性为本节建立的"sqlDataSource1"，并将"DataMember"属性设置为"Query"。

(3) 设置 gridControl1 控件列。点击 gridContro1 右下角的"Run Designer"进入设计界面，选中左侧的"Columns"，可以发现此时已经自动生成了列，只需修改每个列的"Caption"属性，分别设置为"装备编号""使用人""装备名称""装备类型""列装时间""报废时间""所属单位"和"备注"，效果如图 5-50 所示。

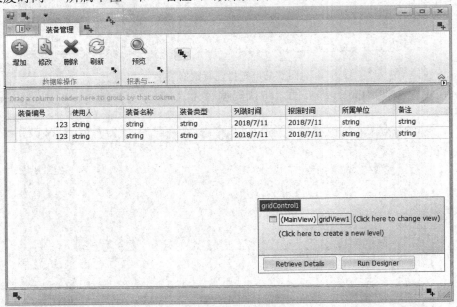

图 5-50　设计效果

5．增加装备信息功能

当用户点击装备管理窗体 FormZhuangbeiguanli 上的"增加"按钮时，应该弹出一个窗体，用户输入装备相关信息，点击"保存"即可将该装备信息保存到数据库中。

(1) 建立增加装备信息窗体。打开解决方案资源管理器窗口，在"ZB"文件夹下添加新建项，新建用于增加人员的窗体"FormZhuangbeiguanliADD"，设置该窗体"Text"属

性为"增加装备信息"。

(2) 将 FormZhuangbeiguanli 窗体的"增加"菜单与 FormZhuangbeiguanliADD 关联。

在 FormZhuangbeiguanli 窗体的"增加"菜单上双击，进入代码编辑界面。将菜单点击事件代码编辑如下：

    private void bbiNew_ItemClick(**object** sender, ItemClickEventArgs e)
    {
        //新建增加信息窗体
        FormZhuangbeiguanliADD formZhuangbeiguanliADD =**new** FormZhuangbeiguanliADD();
        formZhuangbeiguanliADD.ShowDialog();//显示
        //增加数据后，gridControl1 数据源刷新
        sqlDataSource1.Fill();
    }

(3) 添加控件。按照图 5-51 所示，为窗体添加控件，"装备名称"等提示性控件的控件类型为"Label"，其"Name"属性无需修改。其他控件的具体信息如表 5-5 所示。

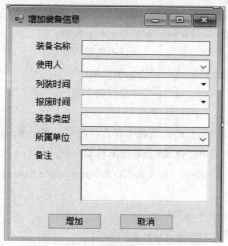

图 5-51　增加装备信息窗口

表 5-5　增加装备窗体 FormZhuangbeiguanliADD 中控件信息

控件类型	Name属性	输入信息含义
TextBox	tbEquipmentName	装备名称
CombBox	cmbUser	使用人
DateEdit	deBeginTime	列装时间
DateEdit	deDiscardedTime	报废时间
TextBox	tbType	装备类型
CombBox	cmbDepartment	所属单位
RichTextBox	RtbRemark	备注
Button	btnAdd	增加
Button	btnCancel	取消

(4) 初始化数据。在本窗体中，有些内容是由用户直接输入的，如装备名称等，但所属单位、使用人等信息由于必须是已经存在的单位和人员，因此在窗体加载时，系统应该从数据库将此信息读取出来供用户选择。此功能在窗体加载时完成。

选中"FormZhuangbeiguanliADD"窗体，在其事件中找到"Load"事件，双击后进入代码编辑界面，将其代码编辑如下。注意：需要在类 FormZhuangbeiguanliADD 内添加数据库操作对象 ds 的定义语句"DataBase db = new DataBase();"，同时在该文档最前面需添加命名空间引用"using Zhongdui_ERP.DataClass;"。

```
//窗体加载时进行初始化工作
private void FormZhuangbeiguanliADD_Load(object sender, EventArgs e)
{
    //从数据库中读取出所有的单位代码和单位名称，其中 DepartmentID
    //用来唯一标识,而 DepartmentName 用来显示在用户界面上
    DataSet ds = db.GetDataSet("select   DepartmentID,DepartmentName from tb_Department");
    //设置数据源
    cmbDepartment.DataSource = ds.Tables[0];
    cmbDepartment.DisplayMember ="DepartmentName";
                        //显示的字段
    cmbDepartment.ValueMember ="DepartmentID";
                        //隐藏的字段

    //从数据库中读取出所有的人员名字和人员编号，其中 RenyuanID
    //用来唯一标识，而 RenyuanName 用来显示在用户界面上
    ds = db.GetDataSet("select   RenyuanID,RenyuanName from tb_Renyuan");
    //设置数据源
    cmbUser.DataSource = ds.Tables[0];
    cmbUser.DisplayMember ="RenyuanName";
                        //显示的字段
    cmbUser.ValueMember ="RenyuanID";    //隐藏的字段
}
```

(5) 为"增加"按钮添加事件。当用户点击"增加"按钮时，系统首先判断用户输入是否合法，如果合法，则读取每个控件中的信息，并将其保存到数据库中。

双击"增加"按钮即可进入该按钮的"Click"事件编辑界面。其代码编辑如下：

```
// "增加"按钮动作
private void btnAdd_Click(object sender, EventArgs e)
{
    //判断信息输入是否完整
    if ( string.IsNullOrWhiteSpace(tbEquipmentName.Text)
            ||string.IsNullOrWhiteSpace(cmbUser.Text)
            ||string.IsNullOrWhiteSpace(deBeginTime.Text)
```

```
            ||string.IsNullOrWhiteSpace(tbType.Text)
            ||string.IsNullOrWhiteSpace(cmbDepartment.Text))
    {
        MessageBox.Show("信息输入不完整,请继续完善","提示",
        MessageBoxButtons.OK, MessageBoxIcon.Information);
        return;
    }
    //获取装备名称
    String Name = tbEquipmentName.Text.ToString().Trim();
    //获取单位编号 DepartmentID
    String DepartmentID = cmbDepartment.SelectedValue.ToString().Trim(); //获取选中行的隐藏值 Code
    //获取使用人编号 RenyuanID
    String RenyuanID = cmbUser.SelectedValue.ToString().Trim();   //获取选中行的隐藏值 Code
    //获取列装日期
    String BeginTime = deBeginTime.Text;
    //获取报废日期
    String DiscardedTime = deDiscardedTime.Text;
    //获取装备类型
    String Type = tbType.Text.ToString().Trim();
    //获取备注
    String Remark = rtbRemark.Text.ToString().Trim();
    //建立插入记录的 SQL 语句
    String strSql ="insert into tb_Equipment(EquipmentName,Type,EquipmentUserID,BeginTime,"+
    "DiscardedTime,DepartmentID,Remark) "+"values('"+ Name +"','"+ Type +"','"+ RenyuanID +"','"+
    BeginTime +"','"+ DiscardedTime +"','"+ DepartmentID +"','"+ Remark +"')";
    //执行插入语句,如果返回数大于 0,说明插入成功
    if (db.ExecuteSql(strSql)>0)
    {
        MessageBox.Show("插入成功!");
    }
    else
    {
        MessageBox.Show("插入失败,请联系管理员!");
    }
}
```

(6) 为"取消"按钮添加事件。用户点击"取消"按钮时,关闭当前窗口;双击"取消"按钮进入代码编辑界面,为 btnCancel_Click 方法添加一句代码"this.Close();"即可。

6. 修改装备信息功能

当用户点击装备管理窗体 FormZhuangbeiguanli 上的"修改"按钮时，会弹出一个窗体，将当前选中装备的信息显示在此窗体中，用户可以对这些信息进行修改，点击"保存"即可将该装备信息保存到数据库中。

(1) 建立修改装备信息窗体。打开解决方案资源管理器窗口，在"ZB"文件夹下添加新建项(如图 5-20 所示)，新建用于修改装备的窗体"FormZhuangbeiguanliModify"，设置该窗体"Text"属性为"修改装备信息"。

(2) 添加控件。按照图 5-52 所示，为窗体添加控件，"姓名"等提示性控件的控件类型为"Label"，其"Name"属性无需修改。其他控件的具体信息如表 5-6 所示。

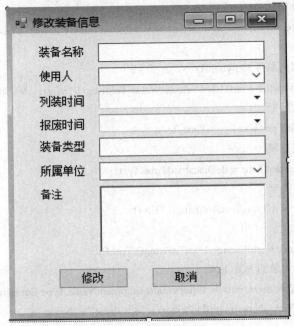

图 5-52 修改装备窗口设计

表 5-6 修改装备窗体 FormZhuangbeiguanliModify 中控件信息

控件类型	Name属性	输入信息含义
TextBox	tbEquipmentName	装备名称
CombBox	cmbUser	使用人
DateEdit	deBeginTime	列装时间
DateEdit	deDiscardedTime	报废时间
TextBox	tbType	装备类型
CombBox	cmbDepartment	所属单位
RichTextBox	RtbRemark	备注
Button	btnModify	修改
Button	btnCancel	取消

(3) 初始化数据。用户打开修改窗体时，在窗体中显示该装备的所有信息。此功能可以通过获取装备的 EquipmentID，然后从数据库中读取所有信息。

首先在 FormZhuangbeiguanliModify 类中定义 DataBase 对象，以及用来接收人员 ID 的成员变量 EquipmentID。FormZhuangbeiguanliModify.cs 中增加的代码如下，同时在该文档最前面需添加命名空间引用"using Zhongdui_ERP.DataClass;"。

```csharp
DataBase db =new DataBase();    //定义数据库操作对象
//用来接收父窗口传递过来的EquipmentID，从而知道修改的是哪条记录
private string _EquipmentID;
//属性，对_RenyuanID进行操作
public string EquipmentID
{
    set//设置，
    {
        _EquipmentID=value;
    }
    get//获取
    {
        return _EquipmentID;
    }
}
```

选中"FormZhuangbeiguanliModify"窗体，在其事件中找到"Load"事件，双击后进入代码编辑界面。其代码编辑如下：

```csharp
//窗体加载时初始化控件数据
private void FormZhuangbeiguanliModify_Load(object sender, EventArgs e)
{
    /* 为两个combbox组件获取待选数据*/
    //从数据库获取所有的单位名和DepartmentID信息
    DataSet ds1 = db.GetDataSet("select DepartmentId,DepartmentName from tb_Department");
    //设置cmbDepartment数据源
    cmbDepartment.DataSource = ds1.Tables[0];
    cmbDepartment.DisplayMember ="DepartmentName";    //显示出来的项
    cmbDepartment.ValueMember ="DepartmentID";    //实际值项
    //从数据库获取所有的人员名RenyuanName和人员RenyuanID信息
    DataSet ds2 = db.GetDataSet("select  RenyuanID,RenyuanName from tb_Renyuan");
    //设置cmbUser数据源
    cmbUser.DataSource = ds2.Tables[0];
    cmbUser.DisplayMember ="RenyuanName";    //显示出来的项
    cmbUser.ValueMember ="RenyuanID";    //实际值项
```

/* 填充数据*/
//根据 EquipmentID 获取当前装备记录的所有信息显示在相应的控件中
//这个 EquipmentID 是由 FormZhuangbeiguanli 窗体点击"修改"按钮时传进来的
DataSet ds3 = db.GetDataSet("select * from tb_Equipment where EquipmentID='"+ EquipmentID +"'");
//直接填充当前选中人员的数据
tbEquipmentName.Text = ds3.Tables[0].Rows[0]["EquipmentName"].ToString().Trim();
deBeginTime.Text = ds3.Tables[0].Rows[0]["BeginTime"].ToString().Trim();
deDiscardedTime.Text = ds3.Tables[0].Rows[0]["DiscardedTime"].ToString().Trim();
tbType.Text = ds3.Tables[0].Rows[0]["Type"].ToString().Trim();
rtbRemark.Text = ds3.Tables[0].Rows[0]["Remark"].ToString().Trim();
//对于 combobox 组件，要直接显示文本，必须将 DropDownStyle 属性设置为 DropDown，
//先得到 departmentID
String departmentID = ds3.Tables[0].Rows[0]["DepartmentID"].ToString().Trim();
//根据 departmentID，通过查询数据库得到单位名字
DataSet ds4 = db.GetDataSet("select DepartmentName from tb_Department where DepartmentID = '"+ departmentID +"'");
String departmentName = ds4.Tables[0].Rows[0]["DepartmentName"].ToString().Trim();
//通过比对文本，选中 departmentName 对应的项
this.cmbDepartment.SelectedIndex =this.cmbDepartment.FindString(departmentName);
//先得到 EquipmentUserID
String EquipmentUserID = ds3.Tables[0].Rows[0]["EquipmentUserID"].ToString().Trim();
//根据 EquipmentUserID，通过查询数据库得到使用人名字
DataSet ds5 = db.GetDataSet("select RenyuanName from tb_Renyuan where RenyuanID = '"+ EquipmentUserID +"'");
String RenyuanName = ds5.Tables[0].Rows[0]["RenyuanName"].ToString().Trim();
//通过比对文本，选中 RenyuanName 对应的项
this.cmbUser.SelectedIndex =this.cmbUser.FindString(RenyuanName);
}

(4) 为"修改"按钮添加事件。当用户点击"修改"按钮时，系统首先判断用户输入是否合法，如果合法，则读取每个控件中的信息，将其保存到数据库中。

双击"修改"按钮即可进入该按钮的"Click"事件编辑界面。其代码编辑如下：

//修改动作
private void btnModify_Click(object sender, EventArgs e)
{
    //判断信息输入是否完整
    if (string.IsNullOrWhiteSpace(tbEquipmentName.Text)
        ||string.IsNullOrWhiteSpace(cmbUser.Text)
        ||string.IsNullOrWhiteSpace(deBeginTime.Text)

```csharp
            ||string.IsNullOrWhiteSpace(tbType.Text)
            ||string.IsNullOrWhiteSpace(cmbDepartment.Text))
{
    MessageBox.Show("信息输入不完整，请继续完善","提示",
    MessageBoxButtons.OK, MessageBoxIcon.Information);
    return;
}
//获取装备名称
String EquipmentName = tbEquipmentName.Text.ToString().Trim();
//获取单位编号 DepartmentID
String DepartmentID = cmbDepartment.SelectedValue.ToString().Trim();
//获取选中行的隐藏值 Code
//获取列装日期
String BeginTime = deBeginTime.Text;
//获取报废日期
String DiscardedTime = deDiscardedTime.Text;
//获取类型
String Type = tbType.Text.ToString().Trim();
//获取使用人编号 RenyuanID
String RenyuanID =   cmbUser.SelectedValue.ToString().Trim();
//获取选中行的隐藏值 Code
//获取备注
String Remark = rtbRemark.Text.ToString().Trim();
//建立修改选定记录的 SQL 语句
String strSql ="update tb_Equipment set EquipmentName='"+ Name +"',Type='"+
    Type +"',EquipmentUserID='"+ RenyuanID +"',BeginTime='"+ BeginTime +
    "',DiscardedTime='"+ DiscardedTime +"',DepartmentID='"+ DepartmentID +
    "',Remark='"+ Remark +"' "+"where EquipmentID='"+ EquipmentID +"';";
// 执行修改 SQL 语句，如果返回值大于 0，则说明修改成功
if (db.ExecuteSql(strSql)>0)
{
    MessageBox.Show("修改成功！");
}
else
{
    MessageBox.Show("修改失败，请联系管理员！");
}
}
```

(5) 将窗体 FormZhuangbeiguanli 的"修改"菜单与窗体 FormZhuangbeiguanliModify 关联。

这里有一个关键点，就是需要将当前选中的装备 EquipmentID 传送到 FormZhuangbeiguanliModify 窗体中去。在 FormZhuangbeiguanli 窗体的"修改"菜单上双击，进入代码编辑界面。将修改菜单点击事件代码编辑如下：

```csharp
//点击修改菜单调用的方法
private void bbiModify_ItemClick(object sender, ItemClickEventArgs e)
{
    //先获取所选记录的 EquipmentID
    string EquipmentID = gridView1.GetRowCellValue(this.gridView1.FocusedRowHandle,
                    this.gridView1.Columns[0]).ToString();
    //新建修改信息窗体
    FormZhuangbeiguanliModify formZhuangbeiguanliModify = new
                    FormZhuangbeiguanliModify();
    //传递参数
    formZhuangbeiguanliModify.EquipmentID = EquipmentID;
    //显示窗体
    formZhuangbeiguanliModify.ShowDialog();
    //修改数据后，gridControl1 数据源刷新
    sqlDataSource1.Fill();
}
```

(6) 为"取消"按钮添加事件。用户点击"取消"按钮时，关闭当前窗口；双击"取消"按钮进入代码编辑界面，为 btnCancel_Click 方法添加一句代码"this.Close();"即可。

7．删除装备信息功能

当用户点击装备管理窗体 FormZhuangbeiguanli 上的"删除"按钮时，询问用户是否确认要删除，如果确认删除，则应该将当前选中装备的信息从数据库中删除。

双击 FormZhuangbeiguanli 窗体上"删除"菜单，进入"Click"事件编辑界面。将删除菜单的"Click"事件编辑如下：

```csharp
//删除操作
private void bbiDelete_ItemClick(object sender, ItemClickEventArgs e)
{
    //先获取所选记录的 ID
    string EquipmentID = gridView1.GetRowCellValue(this.gridView1.FocusedRowHandle,
                    this.gridView1.Columns[0]).ToString();
    //删除之前先询问
    if (MessageBox.Show("确定要删除 ID 为'"+ EquipmentID +"'的记录吗？","删除",
            MessageBoxButtons.YesNoCancel,
```

```
            MessageBoxIcon.Warning)== DialogResult.Yes)
    {
            //定义用于删除记录的 SQL 语句
            string sql ="delete from  tb_Equipment where EquipmentID='{0}'";
            //给{0}参数赋值
            sql =string.Format(sql, EquipmentID);
            //执行删除操作，返回影响的行数
            int num = db.ExecuteSql(sql);
            if (num ==1)
            {
                    MessageBox.Show("删除记录成功！");
                    //刷新 gridControl1 数据源
                    sqlDataSource1.Fill();
            }
            else
            {
                    MessageBox.Show("删除记录失败！");
            }
    }
}
```

8. 刷新功能

当用户点击人力资源管理窗体 FormZhuangbeiguanli 上的"刷新"按钮时，应该将数据源 sqlDataSource1 重新填充数据，达到刷新的目的。

双击 FormZhuangbeiguanli 窗体上"刷新"菜单，进入"Click"事件编辑界面。将刷新菜单的"Click"事件编辑如下：

```
private void bbiRefresh_ItemClick(object sender, ItemClickEventArgs e)
{
    sqlDataSource1.Fill();   //刷新
}
```

9. 报表功能

为了方便用户使用，在获取信息之后通常需要使用报表的形式将数据导出。本系统使用了 Dev 的 GridControl 控件来显示数据，而该控件自带报表功能，可以方便地使用。

双击 FormZhuangbeiguanli 窗体上的预览菜单"bbiPreview"，进入代码编辑界面。将代码设置如下：

```
//报表
private void bbiPreview_ItemClick(object sender, ItemClickEventArgs e)
```

```
        {
            gridControl1.ShowRibbonPrintPreview();    //显示报表预览
        }
```

5.3.2 政策文档管理功能

装备管理部分的政策文档管理功能与 5.1 节政治工作管理的政策文档管理功能是一致的，因此本节只需要将 5.1.3 节建立的窗体显示即可(即在菜单项点击事件处生成相应窗体)，此处不再赘述。

5.4 即时通信功能设计与实现

即时通信功能主要是在局域网中实现消息的通信和文件的通信，涉及多线程、网络、文件等操作。

5.4.1 建立基本类

即时通信功能设计到的细节比较多，需要单独的类来完成特定的功能。在 Zhongdui_ERP 项目目录中新建文件夹"FreeChat"，表示"即时通信"，所有即时通信的代码和窗体放在此文件夹下。

1. 广播类 ClassBoardCast

在"FreeChat"文件夹上单击右键，添加新建项，在弹出的向导窗体中选择"类"，输入名称"ClassBoardCast.cs"。该类的主要功能是：① 当用户上线时，需要向网络中发送广播告诉大家自己已上线，并且广播自己的 IP 地址、用户名、组名等其他信息。② 当收到其他用户上线的消息时，需要发送一个回复信息，告诉对方自己已经收到。③ 发送一个退出信息告诉网络上的用户自己将要下线。

ClassBoardCast 类的完整代码如下：

```
using System;
using System.Collections.Generic;
using System.Linq;
using System.Net;
using System.Net.Sockets;
using System.Text;
using System.Threading;
using System.Windows.Forms;

namespace Zhongdui_ERP.FreeChat
{
```

```csharp
//这个类用来发送广播
class ClassBoardCast
{
    //生成一个 UDP 连接
    UdpClient bcUdpClient =new UdpClient();
    //绑定端口 2222
    IPEndPoint bcIPEndPoint =new IPEndPoint(IPAddress.Parse("255.255.255.255"),2222);
    //本地 IP 地址
    public string localIP =string.Empty;
    //获取本机 IP，如果是 vista 或 Windows7，取 InterNetwork 对应的地址
    public void GetLocalIP()
    {
        try
        {
            foreach(IPAddress _ipAddress in Dns.GetHostEntry(Dns.GetHostName()).AddressList)
            {
                if(_ipAddress.AddressFamily.ToString()=="InterNetwork")
                {
                    localIP = _ipAddress.ToString();
                    break;
                }
                else
                {
                    localIP = Dns.GetHostEntry(Dns.GetHostName()).AddressList[0].ToString();
                }
            }
        }
        catch(Exception ex)
        {
            MessageBox.Show(ex.ToString());
        }
    }
//发送自己的信息到广播地址
public void BoardCast()
{
    GetLocalIP();   //获取本地 IP 地址
//生成配置信息窗体，此窗体可以不用显示，窗体中控件中的内容从本地配置文件中读取
```

```csharp
FormSetupUserInfo setUserInfo =new FormSetupUserInfo();
//发送"：USER"消息,告诉自己上线了,同时带有名字、IP、组等信息
string computerInfo =":USER:"+ setUserInfo.txtSetName.Text.Trim()+
":"+ System.Environment.UserName +
":"+ localIP +":"+ setUserInfo.txtSetGroup.Text.Trim();
    //封装到字节数组中
    byte[] buff = Encoding.Default.GetBytes(computerInfo);
    //通过 UDP 连接发送出去,对方会一直在线监听
    bcUdpClient.Send(buff, buff.Length, bcIPEndPoint);
}
//收到对方上线的通知时,回复对方,以便对方将自己加入在线用户列表
internal void BCReply(string ipReply)
{
    GetLocalIP();    //获得本地地址
    //绑定端口 2222
    IPEndPoint EPReply =new IPEndPoint(IPAddress.Parse(ipReply),2222);
    //生成配置信息窗体,此窗体可以不用显示,窗体中控件中的内容从本地配置文件中读取
    FormSetupUserInfo setUserInfo =new FormSetupUserInfo();
    //发送"：REPY"消息,回复对方,同时带有名字、IP、组等信息
    string computerInfo =":REPY:"+ setUserInfo.txtSetName.Text.Trim()+":"
                + System.Environment.UserName +":"+ localIP +":"
                + setUserInfo.txtSetGroup.Text.Trim();
    //封装到字节数组中
    byte[] buff = Encoding.Default.GetBytes(computerInfo);
    //通过 UDP 连接发送出去,对方会一直在线监听
    bcUdpClient.Send(buff, buff.Length, EPReply);
}
//发送一个退出信号,告诉对方我退了
internal void UserQuit()
{
    GetLocalIP();    //获得本地地址
    //发送"：QUIT"消息,
    string quitInfo =":QUIT:"+ localIP;
    //封装到字节数组中
    byte[] bufQuit = Encoding.Default.GetBytes(quitInfo);
    //通过 UDP 连接发送出去,对方会一直在线监听
```

```
            bcUdpClient.Send(bufQuit, bufQuit.Length, bcIPEndPoint);
        }
    }
}
```

2. 发送消息类 ClassSendMsg

在"FreeChat"文件夹上单击右键，添加新建项，在弹出的向导窗体中选择"类"，输入名称"ClassSendMsg.cs"。该类的主要功能是：根据 UDP 协议，向目标 IP 地址和端口号(固定为 2222)发送消息。

ClassSendMsg 类的完整代码如下：

```
using System;
using System.Collections.Generic;
using System.Linq;
using System.Net;
using System.Net.Sockets;
using System.Text;
namespace Zhongdui_ERP.FreeChat
{
    //发送所有消息的类
    class ClassSendMsg
    {
        byte[] bufSendMsg =null;
        IPEndPoint sendMsgEP =null;
        UdpClient sendMsgUdpClient =new UdpClient();
        //构造方法
        public ClassSendMsg(string r_desIP,byte[] bufMsg)
        {
            //绑定端口和 IP 目的 IP 地址
            this.sendMsgEP =new IPEndPoint(IPAddress.Parse(r_desIP),2222);
            this.bufSendMsg = bufMsg;
        }
        //使用 UDP 协议发送消息，端口号为 2222
        public void SendMessage()
        {
            //通过 UDP 协议向目标 IP 和端口发送消息
            sendMsgUdpClient.Send(bufSendMsg, bufSendMsg.Length, sendMsgEP);
        }
    }
}
```

3. 发送文件类 ClassSendFile

在"FreeChat"文件夹上单击右键,添加新建项,在弹出的向导窗体中选择"类",输入名称"ClassSendFile.cs"。该类的主要功能是:根据 TCP 协议,向目标 IP 地址和端口号(固定为 8001)发送本地文件流。

ClassSendFile 类的完整代码如下:

```csharp
using System;
using System.Collections.Generic;
using System.IO;
using System.Linq;
using System.Net;
using System.Net.Sockets;
using System.Text;
using System.Windows.Forms;
namespace Zhongdui_ERP.FreeChat
{
    //通过 TCP 发送文件的类
    class ClassSendFile
    {
        //定义 Socket 和 IP 地址对象
        Socket socketSend;
        IPEndPoint ipSend;
        //文件路径和目标 IP 地址
        private string sendFilePath;
        private string desIP;
        //构造方法
        public ClassSendFile(string sFilePath,string ip)
        {
            this.sendFilePath = sFilePath;
            this.desIP = ip;
        }
        //TCP 协议发送,端口 8001
        public void SendFile()
        {
            int len;
            byte[] buff =new byte[1024];
            try
            {
                socketSend =new Socket(AddressFamily.InterNetwork,
```

```
                SocketType.Stream, ProtocolType.Tcp);
            ipSend =new IPEndPoint(IPAddress.Parse(desIP),8001);
            //与目标 IP 地址建立 TCP 连接
            socketSend.Connect(ipSend);
            //打开文件,创建文件流
            FileStream FS =new FileStream(sendFilePath, FileMode.Open,
                        FileAccess.Read);
            while ((len = FS.Read(buff,0,1024))!=0)
            {
                    //通过 TCP 连接发送文件
                    socketSend.Send(buff,0, len, SocketFlags.None);
            }
            socketSend.Close();    //关闭 TCP
            FS.Close();    //关闭文件
        }
        catch(Exception e)
        {
            MessageBox.Show(e.ToString());
        }
    }
}
```

4. 接收消息类 ClassReceiveMsg

在"FreeChat"文件夹上单击右键,添加新建项,在弹出的向导窗体中选择"类",输入名称"ClassReceiveMsg.cs"。该类的主要功能是:分配消息,通过 SendMessage 方法向系统消息队列发送消息,然后通过 FormChat 窗体类中的 DefWndProc 方法进行方法处理。

ClassReceiveMsg 类的完整代码如下:

```
using System;
using System.Collections.Generic;
using System.Linq;
using System.Runtime.InteropServices;
using System.Text;
using System.Windows.Forms;
namespace Zhongdui_ERP.FreeChat
{
    //本类用来处理消息、分配消息,通过 SendMessage 方法向系统消息队列发送消息
    //然后通过在 FormChat 窗体类中的 DefWndProc 方法进行方法处理
```

```csharp
class ClassReceiveMsg
{
    //定义 IP 地址、接收的消息、ID 号、消息细节
    private string msgIP;
    private string msgFrom;
    private string msgID;
    private string msgDetail;
    //查找窗体方法，声明对应方法，下同
    [DllImport("User32.dll", EntryPoint ="FindWindow")]
    private static extern IntPtr FindWindow(string lpClassName,string lpWindowName);
    //消息队列中发送消息方法
    [DllImport("User32.dll ", EntryPoint ="SendMessage")]
    private static extern int SendMessage(IntPtr hWnd,int Msg,int wParam,
            ref COPYDATASTRUCT lParam);
    //闪动窗口方法
    [DllImport("User32.dll", EntryPoint ="FlashWindow")]
    private static extern bool FlashWindow(IntPtr hWnd,bool bInvert);

    const int WM_COPYDATA =0x004A;          //文本类型参数

    public struct COPYDATASTRUCT
    {
        public IntPtr dwData;          //用户定义数据
        public int cbData;             //数据大小
        [MarshalAs(UnmanagedType.LPStr)]
        public string lpData;          //指向数据的指针
    } //消息中传递的结构体
    //构造方法
    public ClassReceiveMsg(string msgip,string msgfrom,string msgid,string msgdetail)
    {
        this.msgIP = msgip;
        this.msgFrom = msgfrom;
        this.msgID = msgid;
        this.msgDetail = msgdetail;
    }
    //线程启动时调用的方法
    public void StartRecMsg()
    {
        //在这里加一个判断，判断是否存在一个 form.name=msgForm 的窗口
```

```csharp
//如果存在，则将消息传到这个窗口；如果不存在，则创建一个新窗口
//找到当前已经打开的聊天窗口的句柄
string windowsName ="与 "+ msgID +" 对话中";
IntPtr handle = FindWindow(null, windowsName);
//判断是否存在这个窗体，存在则打开，不存在则新建
if (handle != IntPtr.Zero)
{
    //对要发送的数据进行封装，直接发 string 类型，收到会出错
    byte[] sarr = Encoding.Default.GetBytes(msgDetail);
    int len = sarr.Length;
    COPYDATASTRUCT cds;
    cds.dwData =(IntPtr)100;
    cds.lpData = msgDetail;
    cds.cbData = len +1;
    //调用系统方法 SendMessage 向消息队列发送消息
    SendMessage(handle, WM_COPYDATA,0,ref cds);
    FlashWindow(handle,true);       //闪动窗口提示
}
else
{
    //新建窗体
    FormChat formRMsg =new FormChat(msgIP, msgFrom, msgID, msgDetail);
    formRMsg.Text ="与 "+ msgID +" 对话中";      //设置标题
    formRMsg.ShowDialog();
    IntPtr newHandle = FindWindow(null, formRMsg.Text);
    FlashWindow(newHandle, true);
}
           }
       }
   }
```

5. 消息线程处理类 ClassStartUdpThread

在"FreeChat"文件夹上单击右键，添加新建项，在弹出的向导窗体中选择"类"，输入名称"ClassStartUdpThread.cs"。该类的主要功能是：启动线程，循环监听网络上收到的消息，并根据不同的消息类型(广播消息、普通消息、文件发送请求消息、文件发送消息等)做出不同的处理。

ClassStartUdpThread 类的完整代码如下：

```csharp
using System;
using System.Collections.Generic;
```

```csharp
using System.IO;
using System.Linq;
using System.Net;
using System.Net.Sockets;
using System.Text;
using System.Threading;
using System.Windows.Forms;
namespace Zhongdui_ERP.FreeChat
{
    class ClassStartUdpThread
    {
        private ListView lvDisplayUser;
        private Label lbUserCount;
        //构造方法
        public ClassStartUdpThread(ListView lDisplayUser, Label lUserCount)
        {
            this.lvDisplayUser = lDisplayUser;
            this.lbUserCount = lUserCount;
        }
        //线程开始运行时调用此方法
        public void StartUdpThread()
        {
            //新建 UdpClient 类实例,并将它绑定到所提供的本地端口号 2222
            //即所有通信通过 2222 端口进行
            UdpClient udpClient =new UdpClient(2222);
            //用来接收对方的 IP 地址
            IPEndPoint ipEndPoint =new IPEndPoint(IPAddress.Any,0);
            //一直循环,接收网络传来的消息,然后对应处理
            while(true)
            {
                //Recive 方法将阻止,直到远程数据报收到为止
                byte[] buff = udpClient.Receive(ref ipEndPoint);
                //所有收到的信息、字符串
                string userInfo = Encoding.Default.GetString(buff);
                //消息前 6 位为消息类型标识符
                string msgHead = userInfo.Substring(0,6);
                //消息从第 6 位开始为消息类型标识符
                string msgBody = userInfo.Substring(6);
```

```csharp
//判断消息类别分别进行处理,
switch(msgHead)
{
    /*用户第一次登录时发送 USER 消息到广播地址,收到此类消息会将对方加
    入到自己的在线好友列表中,并回复对方消息,告诉对方自己在线*/
    case":USER:":
        try
        {
            //将消息 msgBody 以 ":" 分割开,包含四部分,具体内容参考
            ClassBoardCast 类中发送广播的方法 BoardCast()
            string[] sBody = msgBody.Split(':');
            //新建一个人员列表项
            ListViewItem lviUser =new ListViewItem();
            //人员子项:计算机名、IP 地址、组别
            ListViewItem.ListViewSubItem lviComputerName =new
                    ListViewItem.ListViewSubItem();
            ListViewItem.ListViewSubItem lviIP =new
                    ListViewItem.ListViewSubItem();
            ListViewItem.ListViewSubItem lviGroup =new
                    ListViewItem.ListViewSubItem();
            //分别将用户名、计算机名、IP 地址、组名等信息赋值给对应的控件
            lviUser.Text = sBody[0];
            lviComputerName.Text = sBody[1];
            lviIP.Text = sBody[2];
            lviGroup.Text = sBody[3];
            //添加到列表上
            lviUser.SubItems.Add(lviComputerName);
            lviUser.SubItems.Add(lviIP);
            lviUser.SubItems.Add(lviGroup);
            //判断当前收到的这个人信息是否已经在列表中存在的标记,如果存
            在则不加,不存在则添加进列表
            bool flag =true;
            //遍历当前列表
            for (int i =0; i <this.lvDisplayUser.Items.Count; i++)
            {
                //判断 IP 是否一致
                if(lviIP.Text ==this.lvDisplayUser.Items[i].SubItems[2].Text)
                {
```

//如果 IP 一样，但是用户名不一样，表示它修改了自己的用户名，需要在这里先删除，然后在后面再添加上
```csharp
if(lviUser.Text !=this.lvDisplayUser.Items[i].SubItems[0].Text)
{
    this.lvDisplayUser.Items[i].Remove();
    flag =true;
}
else
{
    flag =false;
}
}
if (flag) //如果 flag 为 true 表示当前收到的人没有在列表中，需要添加到列表中
{
    this.lvDisplayUser.Items.Add(lviUser);
}
//显示当前在线人数
lbUserCount.Text ="在线人数：    "+this.lvDisplayUser.Items.Count;
//完成以后，需要回复消息，告诉对方我已经把他添加上了，对方也要把我添加上，相当于一次握手操作
ClassBoardCast CReply =new ClassBoardCast();
CReply.BCReply(lviIP.Text);
}
catch (Exception e)
{
    MessageBox.Show(e.ToString());
}
break;
//收到的是普通消息，处理聊天消息
case":MESG:":
try
{
    //将消息 msgBody 以 "|" 分割开，包含四部分，具体内容参考 FormChat 窗体类中的方法 sendMessage()
    string[] mBody = msgBody.Split('|');
    string msgName = mBody[0];
```

```csharp
        string msgID = mBody[1];
        string msgIP = mBody[2];        //IP 地址
        string msgDetail = mBody[3];    //消息细节
        //创建一条新线程接收消息
        ClassReceiveMsg cRecMsg =new ClassReceiveMsg(msgIP, msgName, msgID, msgDetail);
        Thread tRecMsg =new Thread(new ThreadStart(cRecMsg.StartRecMsg));
        tRecMsg.Start();    //启动线程
    }
    catch(Exception e)
    {
        MessageBox.Show(e.ToString());
    }
    break;
    //收到文件时的处理，这里只是处理"发送文件请求"，并不实际处理文件内容
case":DATA:":
    try
    {
        //将消息 msgBody 以 "|" 分割开，包含四部分，具体内容参考 FormChat 窗体类中的方法 btnSendFile_Click()
        string[] mBody = msgBody.Split('|');
        string msgName = mBody[0];
        string msgID = mBody[1];
        string msgIP = mBody[2];
        string msgFileName = mBody[3];
        string msgFileLen = mBody[4];
        //发送给对方过去的信息，对方用来显示在界面上，不发送文件内容本身
        string msgDetail ="【发送文件】"+ msgFileName;
        //创建一条新线程接收消息
        ClassReceiveMsg cRecMsg =new ClassReceiveMsg(msgIP, msgName, msgID, msgDetail);
        Thread tRecMsg =new Thread(new ThreadStart(cRecMsg.StartRecMsg));
        tRecMsg.Start();
    }
    catch (Exception e)
    {
```

```csharp
        MessageBox.Show(e.ToString());
    }
    break;
    //对方收到了 case ":DATA:":中的信息, 并且点击了 FormChat 窗体上的
"接受", 表示对方想接收刚才的文件, 现在可以发过去了
case":ACEP:":
    try
    {
        //将消息 msgBody 以"|"分割开, 包含四部分, 具体内容参考
FormChat 窗体类中的方法 linkLableAccept_LinkClicked()
        string[] mBody = msgBody.Split('|');
        string msgIP = mBody[2];
        string msgFilePath = mBody[3];
        //调用 ClassSendFile 类发送文件消息
        ClassSendFile cSendFile =new ClassSendFile(msgFilePath, msgIP);
        Thread tSendFile =new Thread(new ThreadStart(cSendFile.SendFile));
        tSendFile.IsBackground =true;  //表示是一个后台线程, 只有
IsBackground=TRUE 的线程才会随着主线程的退出而退出
        tSendFile.Start();
    }
    catch(Exception e)
    {
        MessageBox.Show(e.ToString());
    }
    break;
    /*自己上线时会向广播发送消息, 在接到别人以 REPY 开头的回复消息
时, 将对方加入自己的在线好友列表中*/
case":REPY:":
    try
    {
        //将消息 msgBody 以":"分割开, 包含四部分, 具体内容参
ClassBoardCast 类中发送广播的方法 BCReply()
        string[] sBody = msgBody.Split(':');
        //新建一个人员列表项
        ListViewItem lviUser =new ListViewItem();
        //人员子项: 计算机名、IP 地址、组别
        ListViewItem.ListViewSubItem lviComputerName =new ListViewItem.
            ListViewSubItem();
```

```csharp
ListViewItem.ListViewSubItem lviIP =new ListViewItem.
        ListViewSubItem();
ListViewItem.ListViewSubItem lvGroup =new ListViewItem.
        ListViewSubItem();
//分别将用户名、计算机名、IP 地址、组名等信息赋值给对应的控件
lviUser.Text = sBody[0];
lviComputerName.Text = sBody[1];
lviIP.Text = sBody[2];
lvGroup.Text = sBody[3];
//添加到列表上
lviUser.SubItems.Add(lviComputerName);
lviUser.SubItems.Add(lviIP);
lviUser.SubItems.Add(lvGroup);
//判断当前收到的这个人信息是否已经在列表中存在的标记，如果存在则不加，不存在则添加进列表
bool flag =true;
//遍历当前列表
for (int i =0; i <this.lvDisplayUser.Items.Count; i++)
{
    //判断 IP 是否一致
    if (lviIP.Text ==this.lvDisplayUser.Items[i].SubItems[2].Text)
    {
        flag =false;
    }
}
if (flag)    //如果 flag 为 true 表示当前收到的人没有在列表中，需要添加到列表中
{
    this.lvDisplayUser.Items.Add(lviUser);
}
//显示当前在线人数
lbUserCount.Text ="在线人数：    "+this.lvDisplayUser.Items.Count;
}
catch(Exception ex)
{
    MessageBox.Show(ex.ToString());
}
break;
```

```csharp
//用户退出时发送 QUIT 开头的消息
case ":QUIT:":
    try
    {
        //遍历列表，删除对应的人员项
        for(int i =0; i <this.lvDisplayUser.Items.Count; i++)
        {
            if (msgBody ==this.lvDisplayUser.Items[i].SubItems[2].Text)
            {
                //从当前在线用户列表中删除
                this.lvDisplayUser.Items[i].Remove();
            }
        }
        //显示当前在线人数
        lbUserCount.Text ="在线人数：   "+this.lvDisplayUser.Items.Count;
    }
    catch(Exception ex)
    {
        MessageBox.Show(ex.ToString());
    }
    break;
}
}
}
```

5.4.2 建立窗体界面类

即时通信功能主要涉及 3 个窗体界面：一个是聊天程序主窗体，可以显示当前网络中所有在线的人员列表，点击相应的人员可以展开聊天；一个是与某一个用户的聊天窗体，可以发送和接收普通消息，也可以发送和接收文件；一个是用户信息配置窗体，包含用户名、组别、计算机名等信息的配置。

1. 建立主窗体类 FreeChatMain

(1) 打开解决方案资源管理器窗口，在"FreeChat"文件夹下添加新建项，新建即时通信程序主窗体"FreeChatMain"，设置该窗体"Text"属性为"即时通信"。

(2) 在 FreeChatMain 窗体上添加 ListView、Label、Button 和 ContextMenuStrip 控件，其名字和含义如表 5-7 所示。

第 5 章 业务功能模块设计与实现

表 5-7 主窗体 FreeChatMain 的控件信息

控件类型	Name属性	输入信息含义
ListView	lvFriend	用来显示当前网络上所有在线的用户列表
Label	lblRenShu	显示当前总人数信息
Button	btnRefresh	刷新
ContextMenuStrip	contextMenuStrip1	右键菜单，编辑退出和配置基本信息等功能

(3) 列表控件 lvFriend 列头设置。选中"lvFriend"控件，右键选择"编辑列"，在弹出的操作窗体中新建 4 列，分别表示用户名、ID、IP 地址、项目组(Text 属性)，4 列的名字分别为"chUname"、"chMname"、"chIP"、"chGroup"，同时将 lvFriend 的视图设置为"Detail"，如图 5-53 所示。编辑完后效果分别如图 5-54 和图 5-55 所示。

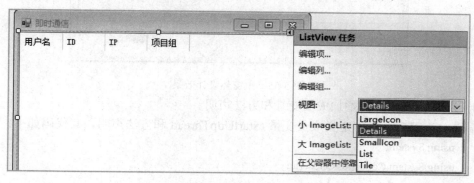

图 5-53　lvFriend 视图设置

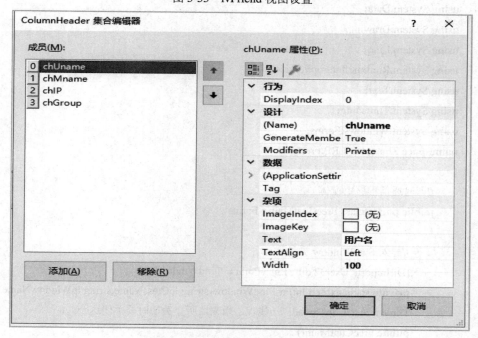

图 5-54　lvFriend 控件编辑列信息

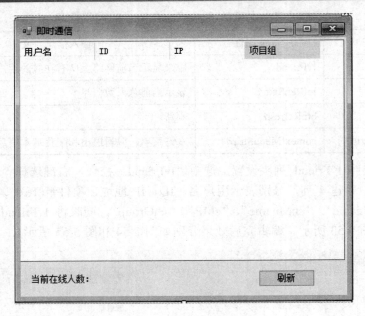

图 5-55 主窗体设计效果

(4) 为 FreeChatMain 增加成员变量和方法声明。

在 FreeChatMain.cs 中定义成员变量 tStartUdpThread 和方法声明。其代码如下：

```csharp
using System;
using System.Collections.Generic;
using System.ComponentModel;
using System.Data;
using System.Drawing;
using System.Linq;
using System.Runtime.InteropServices;
using System.Text;
using System.Threading;
using System.Windows.Forms;
namespace Zhongdui_ERP.FreeChat
{
    //即时通信程序主窗体
    public partial class FreeChatMain : Form
    {
        //导入 FindWindow 方法
        [DllImport("User32.dll", EntryPoint ="FindWindow")]
        private static extern IntPtr FindWindow(string lpClassName,string lpWindowName);
        Thread tStartUdpThread;    //线程，用来监听，关闭时要关闭这个
        public FreeChatMain()
        {
```

```
            //这句话表示其他线程可以访问其中组件
            FreeChatMain.CheckForIllegalCrossThreadCalls =false;
            InitializeComponent();
        }
    }
}
```

(5) 编辑 FreeChatMain 窗体"Load"方法。当窗体加载时，需要进行初始化工作，用到了 5.4.1 节建立的 ClassBoardCast 类和 ClassStartUdpThread 类。其代码如下：

```
//窗体加载时的初始化工作
private void FreeChatMain_Load(object sender, EventArgs e)
{
    //接收别人的广播和聊天，监听线程开始运行
    ClassStartUdpThread classStartUdpThread =new
    ClassStartUdpThread(this.lvFriend,this.lblRenshu);
    //新建线程、类的成员变量
    tStartUdpThread =new Thread(new ThreadStart(classStartUdpThread.StartUdpThread));
    //线程开始运行
    tStartUdpThread.Start();
    //自己要发送一个广播，告诉别人自己上线了
    ClassBoardCast boardCast =new ClassBoardCast();
    boardCast.BoardCast();
}
```

(6) 编辑 FreeChatMain 窗体"WindowClosing"方法。当窗体关闭为最小化窗体时，仍然保持在线，只有当整个应用程序关闭时才会下线。其代码如下：

```
private void FreeChatMain_FormClosing(object sender, FormClosingEventArgs e)
{
    //当窗体关闭时，窗口最小化，这样网络上还是在线，只有整个应用程序关闭才完全关闭
    this.WindowState = FormWindowState.Minimized;
    e.Cancel =true;
}
```

(7) 编辑 lvFriend 列表的"ItemActivate"方法。lvFriend 列表中有列表内容时，双击其中的一项，会触发"ItemActivate"方法。在本系统中，当双击时，会弹出与该用户相关的聊天窗口。

选中"lvFriend"控件，进入其"ItemActivate"方法代码编辑界面，其中窗体 FormChat 为聊天界面窗体，下节介绍。代码编辑如下：

```
//双击以后生成聊天窗口，开始聊天
private void lvFriend_ItemActivate(object sender, EventArgs e)
{
    if (lvFriend.SelectedItems[0].Index !=-1)    //表示选中了
```

```csharp
        {
            //选中的第一项
            ListViewItem lvItem = lvFriend.SelectedItems[0];
            string windowName ="与 "+ lvItem.SubItems[1].Text.Trim()+" 对话中";
            IntPtr handle = FindWindow(null, windowName);
            //判断该窗口是否存在
            if (handle != IntPtr.Zero)       //如果存在则激活
            {
                Form frm =(Form)Form.FromHandle(handle);
                frm.WindowState = FormWindowState.Normal;
                //激活窗体
                frm.Activate();
            }
            else    //不存在则创建新窗口
            {
                //ipSend 为从列表中取出，要发送的对象的 IP
                string ipSend = lvItem.SubItems[2].Text;
                string nameSend = lvItem.SubItems[0].Text;
                string idSend = lvItem.SubItems[1].Text;
                string mesSend =string.Empty;
                FormChat formChat =new FormChat(ipSend, nameSend, idSend, mesSend);
                formChat.Text ="与 "+ lvItem.SubItems[1].Text +" 对话中";
                //显示窗体
                formChat.Show();
            }
        }
    }
```

(8) 编辑刷新按钮动作。当点击刷新按钮"btnRefresh"时，将自己当前的列表全部清空，然后发送一个广播告诉对方自己已经上线了，同时对方会发送回馈信息，根据回馈信息重新加载列表项。其代码如下：

```csharp
    //刷新操作
    private void btnRefresh_Click(object sender, EventArgs e)
    {
        this.lvFriend.Items.Clear();
        //发送一个广播告诉对方自己(又)上线了，同时接收到对方的回馈信息
        ClassBoardCast flush =new ClassBoardCast();
        flush.BoardCast();
    }
```

(9) 编辑刷新按钮动作。当点击刷新按钮"btnRefresh"时，将自己当前的列表全部清空，然后发送一个广播告诉对方自己已经上线了，同时对方会发送回馈信息，根据回馈

信息重新加载列表项。其代码如下：
```
//刷新操作
private void btnRefresh_Click(object sender, EventArgs e)
{
    this.lvFriend.Items.Clear();
    //发送一个广播告诉对方自己(又)上线了，同时接收到对方的回馈信息
    ClassBoardCast flush =new ClassBoardCast();
    flush.BoardCast();
}
```
(10) 编辑右键菜单 ContextMenuStrip1。右键菜单编辑如图 5-56 所示。

图 5-56　右键菜单设计

将"设置"、"退出"菜单动作编辑如下：
```
//设置菜单
private void  设置ToolStripMenuItem_Click(object sender, EventArgs e)
{   //新建用户信息编辑界面
    FormSetupUserInfo setUInfo =new FormSetupUserInfo();
    setUInfo.MaximizeBox =false;
    setUInfo.Show();
}
//退出菜单
private void  退出ToolStripMenuItem_Click(object sender, EventArgs e)
{   //发送广播告诉对方自己要下线了
    ClassBoardCast cUserQuit =new ClassBoardCast();
    cUserQuit.UserQuit();
    this.Dispose();
}
```

同时需要为 lvFriend 控件添加上右键菜单，这是通过 lvFriend 的鼠标点击事件"MouseClick"来实现的。其代码如下：
```
//为lvFriend添加鼠标事件，弹出设置对话框
private void lvFriend_MouseClick(object sender, MouseEventArgs e)
{
```

```
                if (e.Button == MouseButtons.Right)         //判断是不是右键点击
                {
                        contextMenuStrip1.Show();
                }
        }
```

(11) 将本窗体与主窗体的 "即时通信" 菜单关联。编辑 "即时通信" 菜单项点击事件，代码如下：

```
//"即时通信"菜单项
private void toolStripButton1_Click(object sender, EventArgs e)
{       //生成即时通信窗体
        FreeChatMain freeChatMain=new FreeChatMain();
        //设置父窗体
        freeChatMain.MdiParent =this;
        freeChatMain.Show();
}
```

2. 建立信息配置窗体类 FormSetupUserInfo

(1) 打开解决方案资源管理器窗口，在 "FreeChat" 文件夹下添加新建项，新建信息配置窗体 "FormSetupUserInfo"，设置该窗体 "Text" 属性为 "配置用户名和组"。

(2) 在 FormSetupUserInfo 窗体上添加控件，效果如图 5-57 所示，其名字和含义如表 5-8 所示。此外，需将 txtSetName 和 txtSetGroup 控件的 "Modifiers" 属性修改为 "Public"。

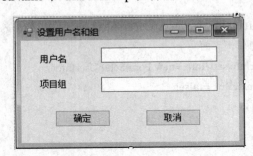

图 5-57 信息配置窗体 FormSetupUserInfo 界面设计

表 5-8 窗体 FormSetupUserInfo 的控件信息

控件类型	Name属性	输入信息含义
Label	Label1	用户名
Label	Label2	项目组
TextBox	txtSetName	输入用户名
TextBox	txtSetGroup	输入所在项目组
Button	btnOK	确定按钮
Button	btnCancel	取消按钮

(3) 编辑 FormSetupUserInfo 窗体类构造方法。如果本地有配置文件,则读取配置文件填充用户信息;否则新建一个配置文件,然后以当前操作系统信息作为配置信息。构造方法的代码如下:

```csharp
//构造方法
public FormSetupUserInfo()
{
    //初始化组件信息,系统自动生成
    InitializeComponent();
    //从本地配置文件加载信息
    try
    {
        //读取本地配置文件 UserInformation.ini
        FileStream fsRead =new FileStream(@"UserInformation.ini", FileMode.Open,
            FileAccess.Read);
        StreamReader sr =new StreamReader(fsRead);    //建立文件流
        string userinfo = sr.ReadLine();     //读取
        string[] info = userinfo.Split(':');     //以":"分割
        this.txtSetName.Text = info[0];
        this.txtSetGroup.Text = info[1];
        sr.Close();
        fsRead.Close();         //关闭
    }
    catch   //如果没有这个文件,则创建一个,并从系统中读取相应信息
    {
        FileStream fsWrite =new FileStream(@"UserInformation.txt", FileMode.Create,
            FileAccess.Write);
        //获取当前系统用户名和域名(组)
        string data = System.Environment.UserName +":
            "+ System.Environment.UserDomainName;
        StreamWriter sw =new StreamWriter(fsWrite);
        sw.Write(data);
        sw.Close();
        this.txtSetName.Text = System.Environment.UserName;
        this.txtSetGroup.Text = System.Environment.UserDomainName;
    }
}
```

(4) 编辑确定按钮"btnOK"的"Click"事件。当用户点击确定时,首先需要将用户输入的配置信息保存到本地配置文件,然后需要发送一个广播告诉大家自己的信息(因为有可能进行了修改)。其代码如下:

//确定按钮
private void btnOK_Click(object sender, EventArgs e)
{
    //打开配置文件
    FileStream write =new FileStream(@"UserInformation.txt", FileMode.Create, FileAccess.Write);
    //通过输入控件获取数据
    string data =this.txtSetName.Text +":"+this.txtSetGroup.Text;
    StreamWriter sw =new StreamWriter(write);
    sw.Write(data);
    sw.Close();
    write.Close();
    this.Update();
    this.Close();
    //发送广播，告诉大家我的信息(因为有可能修改了，需要重新握手)
    ClassBoardCast CUpdate =new ClassBoardCast();
    CUpdate.BoardCast();
}

3．建立聊天窗体类 FormChat

(1) 打开解决方案资源管理器窗口，在"FreeChat"文件夹下添加新建项，新建聊天窗体"FormChat"，设置该窗体"Text"属性为"聊天"。

(2) 在 FormChat 窗体上添加两个 RichTextBox 控件(分别用来显示所有消息和待发送的消息)、一个 ToolStrip 控件(含有一个 Button 子控件和发送文件按钮)、一个 Label 控件(提示信息)、两个 Button 按钮(关闭和发送)、两个 LinkLabel 控件(文件的"接受"和"拒绝")，效果如图 5-58 所示，其名字和含义如表 5-9 所示。

图 5-58　聊天窗体 FormChat 界面设计

表 5-9　窗体 FormChat 的控件信息

控件类型	Name 属性	输入信息含义
RichTextBox	rtxRMsg	用来显示收发双方的所有信息
RichTextBox	rtxSMsg	待发送消息的编辑区域
Button	btnClose	关闭聊天窗体
Button	btnSendMsg	将 rtxSMsg 的内容发送给对方
ToolStrip	toolStrip1	工具条，通过点击下三角符号可以添加 Button 子控件
ToolStripButton	btnSendFile	toolStrip1 中的一个子控件，用来给对方发送文件
Label	labFileInfo	"Admin 向你发送文件"，当对方发送文件时显示，起提示作用
LinkLabel	LinkLabelAccept	"接受"对方发送的文件，如果没有文件时需隐藏
LinkLabel	LinkLabelRefuse	"拒绝"对方发送的文件，如果没有文件时需隐藏

（3）为 FormChat 增加成员变量和方法声明。在 FormChat.cs 中定义成员变量和用于初始化的构造方法。其代码如下：

```
using System;
using System.Collections.Generic;
using System.ComponentModel;
using System.Data;
using System.Drawing;
using System.IO;
using System.Linq;
using System.Net;
using System.Net.Sockets;
using System.Runtime.InteropServices;
using System.Text;
using System.Windows.Forms;
using static DevExpress.Utils.Drawing.Helpers.NativeMethods;

namespace Zhongdui_ERP.FreeChat
{
    public partial class FormChat : Form
    {
        //成员变量
        private string destinationIP =string.Empty;      //对方 IP 地址
        private string destinationName =string.Empty;    //对方名字
        private string destinationID =string.Empty;      //对方 ID
```

```csharp
private string receiveMsg =string.Empty;         //收到的消息
private bool isTextBoxNotEmpty =true;            //判断输入文本框是否为空
public string Cuser =string.Empty;               //本机用户名
public string CuserIP =string.Empty;             //本机 IP 地址
private string filePath =string.Empty;           //保存文件路径
public Socket socketTCPListen;                   //TCP 用来监听文件
public Socket socketReceiveFile;                 //TCP 接收文件
public IPEndPoint ipEP;                          //传文件 IP
byte[] Buff =new byte[1024000];                  //缓冲区
const int WM_COPYDATA =0x004A;                   //文本类型参数
//这是系统进行消息传递时采用的封装形式
//注意这个一定要，因为系统有一个同名的 COPYDATASTRUCT
publicstruct COPYDATASTRUCT
{
    public IntPtr dwData;                        //用户定义数据
    publicint cbData;                            //数据大小
    [MarshalAs(UnmanagedType.LPStr)]
    public string lpData;                        //指向数据的指针
}//消息中传递的结构体
//构造方法
public FormChat()
{
    InitializeComponent();
}
//构造方法，初始化基本参数
public FormChat(string ip,string name,string id,string mesg)
{
    destinationIP = ip;
    destinationName = name;
    destinationID = id;
    receiveMsg = mesg;
    InitializeComponent();
}
//*******************************//
```

(4) 编辑发送按钮 btnSendMsg 点击方法。当用户点击发送时，应该将 rtxSMsg 发送给对方，并且将此内容追加在 rtxRMsg 控件后面。其代码如下：

```csharp
//处理发送消息
private void sendMessage()
```

```csharp
{
    if (this.rtxSMsg.Text =="")      //判断是否有消息
    {
        this.rtxSMsg.Text ="输入消息不能为空";
        this.rtxSMsg.BackColor = Color.OldLace;    //背景色
        this.isTextBoxNotEmpty =false;    //判断非空
        this.rtxSMsg.ReadOnly =true;
    }
    if(isTextBoxNotEmpty)      //如果输入不为空
    {
        try
        {
            //向网络中发送的消息,表示我要发送一个普通文本消息
            string sendMessageInfo =":MESG:"+ Cuser +"|"+ System.Environment.UserName +"|"+ CuserIP +"|"+this.rtxSMsg.Text +"\n";
            //转换为字节数组
            byte[] buff = Encoding.Default.GetBytes(sendMessageInfo);
            //向网络中发送,对方会监听
            ClassSendMsg cSendMsg =new ClassSendMsg(destinationIP, buff);
            cSendMsg.SendMessage();
            //本地显示同样的信息
            //加上日期时间
            this.rtxRMsg.AppendText("\n"+ Cuser +""+ DateTime.Now.ToLongTimeString()+"\r\n");
            this.rtxRMsg.AppendText("");
            //加上发送的消息
            this.rtxRMsg.AppendText(this.rtxSMsg.Text);
            this.rtxRMsg.Select(rtxRMsg.Text.Length,0);
            //将控件内容滚动到当前插入符号位置
            this.rtxRMsg.ScrollToCaret();
        }
        catch
        {
            this.rtxRMsg.AppendText(DateTime.Now.ToLongTimeString()+" 发送消息失败!"+"\r\n");
        }
    }
}
```

(5) 定义 displayMessage 方法用于显示消息。当系统分配处理完消息后,需要将获得的消息信息显示在窗体上,主要区分普通消息和文件消息。其代码如下:

```csharp
//显示消息,当系统处理接收的消息时调用此方法
private void displayMessage(string msg)
{
    try
    {
        //根据发送过来消息的头部确定消息类别,不同类型的消息做不同的处理
        //这是一个"发送文件"请求
        if (msg.Length >6&& msg.Substring(0,6)=="【发送文件】")
        {
            //显示当前时间
            this.rtxRMsg.AppendText(destinationName +"
                    "+ DateTime.Now.ToLongTimeString()+"\r\n");
            //颜色
            this.rtxRMsg.SelectionColor = Color.Red;
            //将消息显示在窗体上
            this.rtxRMsg.AppendText(receiveMsg +"\n");
            this.rtxRMsg.ForeColor = Color.Black;
            this.rtxRMsg.Select(rtxRMsg.Text.Length,0);
            this.rtxRMsg.ScrollToCaret();
            //获取文件路径
            this.filePath = msg.Substring(6);
            //显示对方发送文件的提示信息
            this.labFileInfo.Text = destinationName +"  向你发送文件";
            //将显示相关的按钮,使得用户可以对该文件发送请求给出答复,做出"接收"或
            "拒绝"选择
            this.labFileInfo.Visible =true;
            this.linkLabelAccept.Visible =true;
            this.linkLabelRefuse.Visible =true;
        }
        //这是发送文件之后对方会告诉我到底是同意接收还是拒绝
        //获取回馈信息的格式
        else if (msg.Length >6&& msg.Substring(0,6)=="【发送信息】")
        {
            this.rtxRMsg.SelectionColor = Color.Red;
            this.rtxRMsg.AppendText(receiveMsg +"\n");
            this.rtxRMsg.ForeColor = Color.Black;
            this.rtxRMsg.Select(rtxRMsg.Text.Length,0);
            this.rtxRMsg.ScrollToCaret();
```

```
        }
        else   //这是个普通的聊天消息,只需显示即可
        {
            //对方名字和时间
            this.rtxRMsg.AppendText(destinationName +"
                "+ DateTime.Now.ToLongTimeString()+"\r\n");
            this.rtxRMsg.AppendText("");
            this.rtxRMsg.AppendText(receiveMsg);//收到的文本消息
            this.rtxRMsg.Select(rtxRMsg.Text.Length,0);
            this.rtxRMsg.ScrollToCaret();
        }
    }
    catch (Exception e)
    {
        MessageBox.Show(e.ToString());
    }
}
```

(6) 重载系统消息处理函数 DefWndProc。重载系统消息处理函数,负责消息的分发和处理。其代码如下:

```
//接收传递的消息,重载系统消息处理函数,由系统调用
//对应着 ClassReceiveMsg 类中的 StartRecMsg 方法中的 "SendMessage(handle,
    WM_COPYDATA, 0, ref cds);"
//当 ClassReceiveMsg 类中发送消息时,在本窗体中会触发本方法对该消息进行处理
protected override void DefWndProc(ref Message m)
{
    switch (m.Msg)   //判断消息类型
    {
        case WM_COPYDATA:
            COPYDATASTRUCT mystr =new COPYDATASTRUCT();   //数据格式
            Type mytype = mystr.GetType();
            mystr =(COPYDATASTRUCT)m.GetLParam(mytype);
            receiveMsg = mystr.lpData.ToString();   //获得消息文本
            //调用显示消息方法
            displayMessage(receiveMsg);   //调用消息显示函数显示在窗体上
            break;
        default:
            base.DefWndProc(ref m);
            break;
```

　　　　}
　　}

(7) 编辑 FormChat 窗体 "Load" 方法。当窗体加载时，需要进行初始化工作，主要是获取本机的相关信息，如果有消息，则需要显示传递过来的消息。其代码如下：

```csharp
//聊天窗口初始化，如果是有消息传过来，显示消息
//初始化图片
private void FormChat_Load(object sender, EventArgs e)
{
    //生成用户信息设置界面(FormSetupUserInfo 窗体类)，可以不用显示，该窗体上控件的信息来源于配置文件
    FormSetupUserInfo fUI = new FormSetupUserInfo();
    //本机用户名
    Cuser = fUI.txtSetName.Text.Trim();
    //生成一个广播对象
    ClassBoardCast cBC = new ClassBoardCast();
    cBC.GetLocalIP();        //获取本机 IP 地址
    CuserIP = cBC.localIP;
    this.MaximizeBox = false;
    //判断 receiveMsg 消息是否为空，如果不为空，表示有人给我发了一个消息，需要调用 displayMessage 显示
    if (receiveMsg != string.Empty)
    {
        //显示消息
        displayMessage(receiveMsg);
    }
}
```

(8) 编辑发送文件按钮 btnSendFile 的 "Click" 事件。当用户点击发送文件按钮时，应当弹出选择文件对话框，用户选择文件之后，给对方发送一个 "请求" 发送文件申请，但不发送文件本身。其代码如下：

```csharp
//发送文件按钮 btnSendFile 点击事件
private void btnSendFile_Click(object sender, EventArgs e)
{
    try
    {
        //文件打开对话框
        OpenFileDialog Dlg = new OpenFileDialog();
        FileInfo FI;
```

```csharp
//文件过滤
Dlg.Filter ="所有文件(*.*)|*.*";
Dlg.CheckFileExists =true;
//打开时初始路径
    Dlg.InitialDirectory ="C:\\Documents and Settings\\"+
        System.Environment.UserName +"\\桌面\\";
//用户选择完成
if (Dlg.ShowDialog()== DialogResult.OK)
{
    //根据选中的文件生成文件信息
    FI =new FileInfo(Dlg.FileName);
    //需要向网络中发送的字符串
    string sendMsg =":DATA:"+ Cuser +"|"+ System.Environment.UserName +"|"+
        CuserIP +"|"+ Dlg.FileName +"|"+ FI.Length +"|";
    byte[] buff = Encoding.Default.GetBytes(sendMsg);
    //发送文件请求信息，并不发送文件本身内容
    ClassSendMsg cSendFileInfo =new ClassSendMsg(destinationIP, buff);
    cSendFileInfo.SendMessage();
    this.rtxRMsg.AppendText(Cuser +""+ DateTime.Now.ToLongTimeString()+"\r\n");
    this.rtxRMsg.SelectionColor = Color.Red;
    this.rtxRMsg.AppendText("【发送文件】"+ Dlg.FileName +"\r\n");
    this.rtxRMsg.ForeColor = Color.Black;
    this.rtxRMsg.Select(rtxRMsg.Text.Length,0);
    this.rtxRMsg.ScrollToCaret();
}
}
catch
{
    MessageBox.Show("请求发送文件失败！");
}
}
```

(9) 建立文件发送的 TCP 监听方法。定义一个方法 TCPListen，用来建立文件发送的 TCP 监听。其代码如下：

```csharp
//建立 TCP 监听，用 TCP 来传递文件
private void TCPListen()
{
    //生成 TCP 监听
    socketTCPListen =new Socket(AddressFamily.InterNetwork, SocketType.Stream,
```

```csharp
                    ProtocolType.Tcp);
    //IP 绑定端口
    ipEP =new IPEndPoint(IPAddress.Parse(CuserIP),8001);    //8001 为 tcp 端口
    socketTCPListen.Bind(ipEP);
    //开始监听，对方发送文件会被接收到
    socketTCPListen.Listen(1024);      //tcp
}
```

(10) 拒绝接收文件 linkLabelRefuse 的响应事件。当用户点击"拒绝"接收对方发送的文件时，只需要给对方发一个拒绝信息即可。其代码如下：

```csharp
//拒绝接收文件，只是发送一条信息过去，不需要处理
private void linkLabelRefuse_Click(object sender, EventArgs e)
{
    //把相关控件隐藏
    this.labFileInfo.Visible =false;
    this.linkLabelAccept.Visible =false;
    this.linkLabelRefuse.Visible =false;
    //需向网络发送的消息，告诉对方我不接收
    string sendMsg =":MESG:"+ Cuser +"|"+ System.Environment.UserName +"|"+
            CuserIP +"|"+"【发送信息】对方拒绝接收";
    byte[] buff = Encoding.Default.GetBytes(sendMsg);
    //发送消息
    ClassSendMsg cSendFileInfo =new ClassSendMsg(destinationIP, buff);
    cSendFileInfo.SendMessage();
}
```

(11) 同意接收文件 linkLabelAccept 的响应事件。当用户点击"接收"同意接收对方发送的文件时，需要给对方发一个确认信息，并且打开 TCP 文件接收监听，准备接收对方发送过来的文件，并且保存在本地。其代码如下：

```csharp
//确认要接收对面发送过来的文件
private void linkLabelAccept_LinkClicked(object sender, LinkLabelLinkClickedEventArgs e)
{
    //发送一个信号，告诉对方可以把刚才的文件发过来
    string sendMsg =":ACEP:"+ Cuser +"|"+ System.Environment.UserName +"|"+
            CuserIP +"|"+ filePath +"|";
    byte[] buff = Encoding.Default.GetBytes(sendMsg);
    //获得要传递文件的文件名
    string[] realFileName = filePath.Split('\\');
    string filename = realFileName[realFileName.Length -1].ToString();
    int len;
```

```csharp
//同意接收文件，发送同意请求，并打开TCP监听
//监听的时候会停止往下运行，知道对方已经发送文件
TCPListen();
//发送信号 sendMsg
ClassSendMsg cReadyToReceive =new ClassSendMsg(destinationIP, buff);
cReadyToReceive.SendMessage();
//
socketReceiveFile = socketTCPListen.Accept();
//保存文件对话框
SaveFileDialog SFD =new SaveFileDialog();
SFD.OverwritePrompt =true;
SFD.RestoreDirectory =true;
SFD.Filter ="所有文件(*.*)|*.*";
SFD.InitialDirectory ="C:\\Documents and Settings\\"+ System.Environment.UserName
    +"\\桌面\\";
SFD.FileName = filename;
//将接收的文件流保存到本地
if ((len = socketReceiveFile.Receive(Buff))!=0)
{
    if (SFD.ShowDialog()== DialogResult.OK)
    {
        FileStream FS =new FileStream(SFD.FileName, FileMode.OpenOrCreate,
                    FileAccess.Write);
        FS.Write(Buff,0, len);
        while ((len = socketReceiveFile.Receive(Buff))!=0)
        {
            FS.Write(Buff,0, len);
        }
        FS.Flush();
        FS.Close();
        this.rtxRMsg.SelectionColor = Color.Red;
        this.rtxRMsg.AppendText("【接收完成】文件已保存"+"\r\n");
        this.rtxRMsg.ForeColor = Color.Black;
    }
}
//发送一个反馈信息，告诉对方已经发送完毕
string sendMessageInfo =":MESG:"+ Cuser +"|"+ System.Environment.UserName +"|"+
        CuserIP +"|"+"【发送信息】文件已发送成功";
```

```
byte[] buffReply = Encoding.Default.GetBytes(sendMessageInfo);
ClassSendMsg cSendMsg =new ClassSendMsg(destinationIP, buffReply);
cSendMsg.SendMessage();
//关闭相关连接
socketTCPListen.Close();
socketReceiveFile.Close();
//设置相关控件的可见属性和可用属性
this.linkLabelRefuse.Enabled =true;
this.linkLabelAccept.Enabled =true;
this.labFileInfo.Visible =false;
this.linkLabelRefuse.Visible =false;
this.linkLabelAccept.Visible =false;
}
```

第6章 安全性设计与实现

本章介绍安全性与实现的相关内容,主要包括系统的访问控制、文档加解密、防伪认证、隐蔽通信等。

6.1 访问控制功能设计与实现

访问控制主要包含两部分内容:用户登录与权限管理。用户登录指的是只有系统授权,用户才能访问本系统;权限管理主要涉及数据的增、删、查、改权限,只有管理员用户才有权限对内容进行增、删、改操作,而其他用户只有阅读权限。

6.1.1 用户登录

用户登录窗体应该在系统启动时首先加载,根据用户输入的用户名和密码从数据库中寻找是否有相关匹配,如果匹配则进入系统,否则提示用户重新输入。

1. 建立用户登录窗体

(1) 打开解决方案资源管理器窗口,在根目录"Zhongdui_ERP"下添加新建项,新建登录窗体"FormLogin",设置该窗体"Text"属性为"管理系统登录"。

(2) 在 FormLogin 窗体上添加控件,效果如图 6-1 所示,其名字和含义如表 6-1 所示。

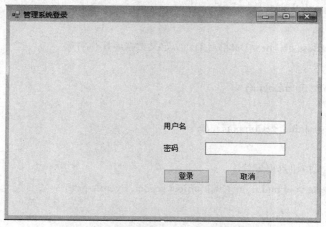

图 6-1 登录窗体 FormLogin 界面设计

表 6-1　登录窗体 FormLogin 的控件信息

控件类型	Name属性	输入信息含义
TextBox	txtUsername	输入用户名
TextBox	txtPassword	输入密码，将"PasswordChar"属性设置为"*"，输入密码时将以*代替显示
Button	btnLogin	登录
Button	btnCancel	退出

2．编辑登录事件

当用户点击"登录"按钮 btnLogin 时，应当获取用户输入的用户名和密码，然后利用 SQL 语句到数据库中查询是否有相关记录，并且保存当前登录用户的信息到 4.2.5 节中定义的"PropertyClass"类中，以便在应用程序中的其他地方可以访问到当前登录用户的信息。FormLogin 类的完整代码 FormLogin.cs 如下：

```csharp
using System;
using System.Collections.Generic;
using System.ComponentModel;
using System.Data;
using System.Data.SqlClient;
using System.Drawing;
using System.Linq;
using System.Text;
using System.Windows.Forms;
using Zhongdui_ERP.CommClass;
using Zhongdui_ERP.DataClass;
namespace Zhongdui_ERP
{
    //登录窗体类
    public partial class FormLogin : Form
    {
        DataBase db =new DataBase();   //定义数据库操作对象
        //构造方法
        public FormLogin()
        {
            InitializeComponent();
        }
        //登录按钮点击事件
        private void btnLogin_Click(object sender, EventArgs e)
        {
```

```csharp
//保存用户名密码
string username ="";
string password ="";
//判断输入的用户名是否为空
if (String.IsNullOrEmpty(txtUsername.Text.Trim()))
{
    try
    {
        MessageBox.Show("用户名不能为空","提示");
        return;
    }
    catch (Exception ex)
    {
        MessageBox.Show(ex.Message,"提示");
    }
    finally
    {
    }
}
//判断输入的密码是否为空
if (String.IsNullOrEmpty(txtPassword.Text.Trim()))
{
    try
    {
        MessageBox.Show("密码不能为空","提示");
        return;
    }
    catch(Exception ex)
    {
        MessageBox.Show(ex.Message,"提示");
    }
    finally
    {
    }
}
//获取用户名密码
username = txtUsername.Text.Trim();
password = txtPassword.Text.Trim();
SqlDataReader sdr =null;        //定义 SqlDataReader
```

```csharp
try
{
    //利用 SQL 语句，从数据库中查询对应用户名和密码
    sdr = db.GetDataReader("select * from tb_User where UserName='"
        + username +"'"+"and PassWord='"+ password +"'");
    sdr.Read();
    if (sdr.HasRows)   //如果有记录则表示匹配成功
    {
        //新建主界面窗体
        FormMain formMain =new FormMain();
        //将本登录窗体界面隐藏
        this.Hide();
        //将用户名、密码、角色等信息存放到 PropertyClass 类中，这些
        //成员变量都是静态的，所以可以利用类名直接访问，以便在应
        //用程序中的其他地方可以访问到当前登录用户的信息
        PropertyClass.UserID = sdr["UserID"].ToString();
        PropertyClass.UserName = sdr["UserName"].ToString();
        PropertyClass.PassWord = sdr["PassWord"].ToString();
        PropertyClass.Role = sdr["Role"].ToString();
        //显示主界面
        formMain.Show();
    }
    else
    {
        MessageBox.Show("用户名或密码不正确！");
        txtUsername.Clear();
        txtPassword.Clear();
        txtUsername.Focus();
    }
}
catch (Exception ex)
{
    throw ex;
}
finally
{
    sdr.Close();      //务必要关掉
}
```

```csharp
        private void btnCancel_Click(object sender, EventArgs e)
        {
            this.Close();
        }
    }
}
```

3. 修改应用程序启动顺序

在本节之前，应用程序主窗体是 FormMain，由于本节键入了登录窗体 FormLogin，因此我们将 FormLogin 窗体作为应用程序第一个加载的窗体。只需在应用程序主入口 Program.cs 中修改加载的窗体即可。Program.cs 修改代码如下：

```csharp
using System;
using System.Collections.Generic;
using System.Linq;
using System.Windows.Forms;
using Zhongdui_ERP.ZG;
namespace Zhongdui_ERP
{
    static class Program
    {
        /// <summary>
        /// 应用程序的主入口点
        /// </summary>
        [STAThread]
        static void Main()
        {
            Application.EnableVisualStyles();
            Application.SetCompatibleTextRenderingDefault(false);
            //应用程序从新建一个登录窗体开始
            Application.Run(new FormLogin());
        }
    }
}
```

6.1.2 管理用户操作权限

本系统中的用户分为两种：一种是管理员，拥有所有权限；另一种是普通用户，只拥有查看相关信息的权限。这个功能可以通过访问当前登录用户信息权限(PropertyClass 类中的静态成员中的角色"Role")，设置相关菜单或按钮的可用性属性来实现。根据 3.3.2 节中的约定，用户角色 Role 中"0"表示管理员，"1"表示普通用户。

以政治工作中人力资源管理为例，如果当前登录用户不是管理员，则将菜单上的"修改"、"增加"、"删除"菜单项设置为"不可用"；如果当前登录用户是管理员，则正常设置为"可用"，从而达到权限控制的目的。将人力资源管理窗体 FormZGRenliziyuan 的"Load"事件修改如下：

```
private void FormZGRenliziyuan_Load(object sender, EventArgs e)
{
    BlindTreeData();    //初始化树的数据
    //访问数据库，数据从视图 view_Renyuan 读取
    DataSet ds = db.GetDataSet("select * from view_Renyuan");
    //设置 GridControl 控件数据源
    gridControl1.DataSource = ds.Tables[0];
    this.gridView1.BestFitColumns();    //自动列宽
    //判断当前登录用户的角色，如果不是管理员，则将修改、增加、删除菜单设置为
    //不可用，达到权限控制目的(tb_User 表中约定 Role，0 为管理员，1 为普通用户)
    if (PropertyClass.Role!="0")
    {
        bbiNew.Enabled =false;
        bbiModify.Enabled =false;
        bbiDelete.Enabled =false;
    }
}
```

用非管理员用户登录后，操作人力资源的界面如图 6-2 所示，其中的增加、删除、修改操作菜单将不再可用。

图 6-2　权限控制效果

系统中涉及权限控制的地方可以参考此方法进行，此处不再赘述。

6.2　文档加解密功能设计与实现

密码学是研究如何隐密地传递信息的学科，在现代特别指对信息以及其传输的数学性

研究，常被认为是数学和计算机科学的分支，和信息论也密切相关。著名的密码学者 Ron Rivest 解释道："密码学是关于如何在敌人存在的环境中通信。"从工程学的角度看，这相当于密码学与纯数学的异同。密码学是研究信息安全等相关议题，如认证、访问控制的核心。密码学的首要目的是隐藏信息的涵义，并不是隐藏信息的存在。密码学也促进了计算机科学，特别是在于电脑与网络安全所使用的技术，如访问控制与信息的机密性。密码学已被应用在日常生活中，包括自动柜员机的芯片卡、电脑使用者存取密码、电子商务，等等。

用户登录本系统中的加解密模块以后，可以对文本信息加密和解密，并且可以自由地选择不同的算法，然后通过安全的信道分享密钥，实现保密通信。

6.2.1 建立窗体

在 Zhongdui_ERP 项目目录中新建文件夹"Cryptography"，表示"加解密功能"，所有与加解密相关的代码和窗体放在此文件夹下。

(1) 打开解决方案资源管理器窗口，在目录"Cryptography"下添加新建项，新建窗体"FormCryptography"，设置该窗体"Text"属性为"加解密"。

(2) 在 FormCryptography 窗体上添加"TabPane"控件，生成 tabPane1 对象，设置 tabPane1 的"Dock"属性为"Fill"。

(3) tabPane1 对象默认有两个页面，把其中一个页面的"Name"属性设置为"pageEncryption"，"Caption"属性设置为"加密"；把另一个页面的"Name"属性设置为"pageDecryption"，"Caption"属性设置为"解密"。效果如图 6-3 所示。

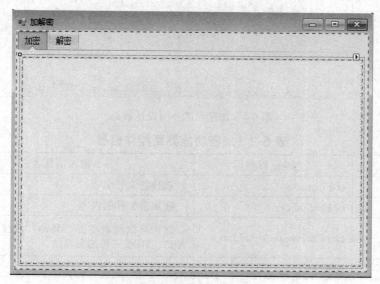

图 6-3 加解密窗体设计效果

(4) 将本窗体与主窗体的"加解密"菜单关联。编辑"加解密"菜单项点击事件代码如下：

```
// "加解密"菜单项
private void toolStripButton2_Click(object sender, EventArgs e)
```

```
{
    //生成加解密窗体
    FormCryptography formCryptography =new FormCryptography();
    //设置父窗体
    formCryptography.MdiParent =this;
    formCryptography.Show();
}
```

6.2.2 加密功能

加密功能的主要流程是,用户先选择需要加密的文件,获取其内容,然后选取一定的加密算法,将其加密为密文,也可以将密文保存到文件当中。

(1) 选中"pageEncryption"页面,在其上添加控件,效果如图 6-4 所示,其名字和含义如表 6-2 所示。

图 6-4 加密功能界面设计效果

表 6-2 加密功能界面控件信息

控件类型	Name 属性	输入信息含义
TextBox	txtFilename	选择的文件名
RichTextBox	rtbFileSource	需加密文件的内容
CombBox	cmbEncryptionAlgorithm	加密算法列表,在"Items"属性中增加 DES、AES、MD5 三种加密算法
TextBox	txtKey	密钥
RichTextBox	rtbFileTarget	加密后的内容显示
Button	btnSelectFile	选择文件
Button	btnEncryption	开始加密
Button	btnSaveFile	保存到文件

(2) 编辑"选择需加密文件"按钮 btnSelectFile 点击事件。当用户点击此按钮时,会弹出一个对话框用于选取文件,并且将选取文件的内容显示在 rtbFileSource 控件中。btnSelectFile 的"Click"事件代码如下:

```
//选择需加密的文件
private void btnSelectFile_Click(object sender, EventArgs e)
{
    //新建打开文件对话框
    OpenFileDialog Dlg =new OpenFileDialog();
    //设置文件类型过滤器
    Dlg.Filter ="文件(*.*)|*.*";
    //配置检查文件是否存在
    Dlg.CheckFileExists =true;
    //设置初始目录
    Dlg.InitialDirectory ="C:\\Documents and Settings\\"+
        System.Environment.UserName +"\\桌面\\";
    //用户选择文件
    if (Dlg.ShowDialog()== DialogResult.OK)
    {
        //在界面上显示所选文件完整路径和名字
        txtFilename.Text = Dlg.FileName;
        //将文件中的内容显示在 rtbFileSource 控件中
        rtbFileSource.LoadFile(Dlg.FileName,
            System.Windows.Forms.RichTextBoxStreamType.PlainText);
    }
}
```

(3) 编辑"开始加密"按钮 btnEncryption 点击事件。当用户点击此按钮时,根据明文、密钥、算法进行加密。btnEncryption 的"Click"事件代码如下:

```
//选择需加密的文件
private void btnSelectFile_Click(object sender, EventArgs e)
{
    //新建打开文件对话框
    OpenFileDialog Dlg =new OpenFileDialog();
    //设置文件类型过滤器
    Dlg.Filter ="文件(*.*)|*.*";
    //配置检查文件是否存在
    Dlg.CheckFileExists =true;
    //设置初始目录
    Dlg.InitialDirectory ="C:\\Documents and Settings\\"+
        System.Environment.UserName +"\\桌面\\";
```

```csharp
//用户选择文件
if (Dlg.ShowDialog()== DialogResult.OK)
{
    //在界面上显示所选文件完整路径和名字
    txtFilename.Text = Dlg.FileName;
    //将文件中的内容显示在 rtbFileSource 控件中
    rtbFileSource.LoadFile(Dlg.FileName,
        System.Windows.Forms.RichTextBoxStreamType.PlainText);
}
}
//开始加密按钮事件
private void btnEncryption_Click(object sender, EventArgs e)
{
    //判断用户输入信息的完整性
    if (txtFilename.Text.Equals(""))
    {
        MessageBox.Show("请选择需加密文件！");
        return;
    }
    //没有选择加密算法
    if (cmbEncryptionAlgorithm.SelectedIndex ==-1)
    {
        MessageBox.Show("请选择加密算法！");
        return;
    }
    if (txtKey.Text.Equals(""))
    {
        MessageBox.Show("请输入密钥！");
        return;
    }
    if (txtKey.Text.Trim().Length <8)
    {
        MessageBox.Show("密钥长度不能小于 8 位！");
        return;
    }
    string strSource = rtbFileSource.Text.ToString().Trim();    //需加密字符串
    string strKey = txtKey.Text.ToString().Trim();    //密钥
    string strTarget =string.Empty;    //密文；
    //根据用户选择的算法进行加密，算法可以扩充
```

```csharp
switch (cmbEncryptionAlgorithm.SelectedIndex.ToString())
{
    //AES 加密(高级加密标准,是下一代的加密算法标准,速度快,安全级别高,
    //目前 AES 标准的一个实现是 Rijndael 算法)
    case"0":   //AES
        {
            //Rijndael,在高级加密标准(AES)中使用的基本密码算法
            Rijndael m_AESProvider = Rijndael.Create();
            try
            {
                //将明文转换为字节数组明文
                byte[] m_btEncryptString = Encoding.Default.GetBytes(strSource);
                //内存流
                MemoryStream m_stream =new MemoryStream();
                //初始化向量字节数组
                byte[] m_btIV = Convert.FromBase64String ("Rkb4jvUy/ye7Cd7k89QQgQ==");
                //加密
                CryptoStream m_csstream =new CryptoStream(m_stream,
                m_AESProvider.CreateEncryptor(Encoding.Default.GetBytes(strKey),
                    m_btIV), CryptoStreamMode.Write);
                m_AESProvider.CreateEncryptor();
                m_csstream.Write(m_btEncryptString,0, m_btEncryptString.Length);
                m_csstream.FlushFinalBlock();
                //转化为字符串
                strTarget = Convert.ToBase64String(m_stream.ToArray());
                m_stream.Close(); m_stream.Dispose();
                m_csstream.Close(); m_csstream.Dispose();
            }
            catch(IOException ex){throw ex;}
            catch(CryptographicException ex){throw ex;}
            catch(ArgumentException ex){throw ex;}
            catch(Exception ex){throw ex;}
            finally{ m_AESProvider.Clear();}
        }
        break;
    case"1":   DES 算法,参考 AES 实现
        {

        }
```

```
            break;
        case"2":    MD5 算法,参考 AES 实现
            {

            }
            break;
    }
    //将密文显示在界面上
    rtbFileTarget.Text = strTarget;
}
```

(4) 编辑"保存密文"按钮 btnSaveFile 点击事件。当用户点击此按钮时,会弹出一个对话框用于将密文保存到指定的文件中。btnSaveFile 的"Click"事件代码如下:

```
//保存加密完成后的密文到文件
private void btnSaveFile_Click(object sender, EventArgs e)
{
    //新建保存文件对话框
    SaveFileDialog SFD =new SaveFileDialog();
    //初始化当前目录
    SFD.InitialDirectory ="C:\\Documents and Settings\\"+
            System.Environment.UserName +"\\桌面\\";
    SFD.Filter ="文本文件(*.txt)|*.txt";
    //用户选择完毕,点击"OK"按钮
    if (SFD.ShowDialog()== DialogResult.OK)
    {
        //文件流
        FileStream fileStream =new FileStream(SFD.FileName, FileMode.Create);
        StreamWriter streamWriter =new StreamWriter(fileStream, Encoding.Default);
        try
        {
            //写入到文件
            streamWriter.Write(rtbFileTarget.Text.Trim());
            streamWriter.Flush();
        }
        catch(Exception ex)
        {
            MessageBox.Show(ex.ToString());
        }
        finally
        {
```

```
            //关闭相关连接
            streamWriter.Close();
            fileStream.Close();
        }
        MessageBox.Show("文件保存成功!");
    }
}
```

6.2.3 解密功能

解密功能的主要流程是，用户选择需要解密的密文文件，获取其内容，并根据所采用的加密算法选择对应的解密算法，将其解密为明文，也可以将明文保存到文件当中。

（1）选中"pageDecryption"页面，在其上添加控件，效果如图 6-5 所示，其名字和含义如表 6-3 所示。

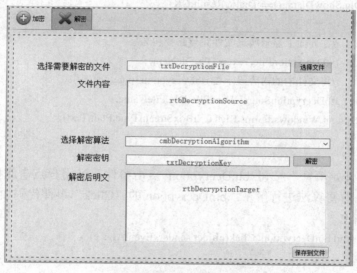

图 6-5　解密功能界面设计

表 6-3　解密功能界面控件信息

控件类型	Name 属性	输入信息含义
TextBox	txtDecryptionFile	选择的密文文件名
RichTextBox	rtbDecryptionSource	需解密密文文件的内容
CombBox	cmbDecryptionAlgorhtm	解密算法列表，在"Items"属性中增加 DES、AES、MD5 三种解密算法
TextBox	txtDecryptionKey	解密秘钥
RichTextBox	rtbDecryptionTarget	解密后的明文显示
Button	btnSelectEncryptFile	选择密文文件
Button	btnDecryption	开始解密
Button	btnDecryptionSaveFile	将解密后的明文保存到文件

(2) 编辑"选择需解密文件"按钮 btnSelectEncryptFile 点击事件。当用户点击此按钮时，会弹出一个对话框用于选取密文文件，并且将选取文件的内容显示在 rtbDecryptionSource 控件中。btnSelectEncryptFile 的"Click"事件代码如下：

```csharp
//选择需解密的文件
private void btnSelectEncryptFile_Click(object sender, EventArgs e)
{
    //新建打开文件对话框
    OpenFileDialog Dlg = new OpenFileDialog();
    Dlg.Filter = "文件(*.*)|*.*";
    Dlg.CheckFileExists = true;
    Dlg.InitialDirectory = "C:\\Documents and Settings\\" +
        System.Environment.UserName + "\\桌面\\";
    //用户选择文件
    if (Dlg.ShowDialog() == DialogResult.OK)
    {
        //在界面上显示所选文件完整路径和名字
        txtDecryptionFile.Text = Dlg.FileName;
        //将文件中的内容显示在 rtbDecryptionSource 控件中
        rtbDecryptionSource.LoadFile(Dlg.FileName,
            System.Windows.Forms.RichTextBoxStreamType.PlainText);
    }
}
```

(3) 编辑"开始解密"按钮 btnDecryption 点击事件。当用户点击此按钮时，根据密文、解密密钥、解密算法进行解密。btnDecryption 的"Click"事件代码如下：

```csharp
//开始解密
private void btnDecryption_Click(object sender, EventArgs e)
{
    //检查用户输入是否合法
    if (txtDecryptionFile.Text.Equals(""))
    {
        MessageBox.Show("请选择需解密文件！");
        return;
    }
    if (cmbDecryptionAlgorhtm.SelectedIndex == -1)
    {
        MessageBox.Show("请选择解密算法！");
        return;
    }
    if (txtDecryptionKey.Text.Equals(""))
    {
```

```csharp
            MessageBox.Show("请输入密钥！");
            return;
    }
    if (txtDecryptionKey.Text.Trim().Length <8)
    {
            MessageBox.Show("密钥长度不能小于8位！");
            return;
    }
    string strSource = rtbDecryptionSource.Text.ToString().Trim();    //需解密字符串
    string strKey = txtDecryptionKey.Text.ToString().Trim();    //密钥
    string strTarget =string.Empty;    //解密后明文
    //根据解密算法解密
    switch (cmbDecryptionAlgorhtm.SelectedIndex.ToString())
    {
            //AES 加密(高级加密标准，是下一代的加密算法标准，速度快，安全级别高，
            //目前 AES 标准的一个实现是 Rijndael 算法)
            case"0":    //AES
            {
                    //Rijndael，在高级加密标准(AES)中使用的基本密码算法
                    Rijndael m_AESProvider = Rijndael.Create();
                    try
                    {
                        byte[] m_btDecryptString = Convert.FromBase64String(strSource);
                        //转换为字节数组
                        MemoryStream m_stream =new MemoryStream();
                        //初始向量
                        byte[] m_btIV = Convert.FromBase64String("Rkb4jvUy/ye7Cd7k89QQgQ==");
                        //解密
                        CryptoStream m_csstream =new CryptoStream(m_stream,
                        m_AESProvider.CreateDecryptor(Encoding.Default.GetBytes(strKey), m_btIV),
                        CryptoStreamMode.Write);
                        m_csstream.Write(m_btDecryptString,0, m_btDecryptString.Length);
                        m_csstream.FlushFinalBlock();
                        strTarget = Encoding.Default.GetString(m_stream.ToArray());
                        m_stream.Close(); m_stream.Dispose();
                        m_csstream.Close(); m_csstream.Dispose();
                    }
                    catch (IOException ex){throw ex;}
                    catch (CryptographicException ex){throw ex;}
                    catch (ArgumentException ex){throw ex;}
```

```csharp
            catch (Exception ex){throw ex;}
            finally { m_AESProvider.Clear();}
        }
        break;
    case"1":   //DES
        {
        }
        break;
    case"2":   //MD5
        {
        }
        break;
    }
    //显示解密后明文
    rtbDecryptionTarget.Text = strTarget;
}
```

(4) 编辑"保存解密后明文"按钮 btnDecryptionSaveFile 点击事件。当用户点击此按钮时，会弹出一个对话框用于将明文保存到指定的文件中。btnDecryptionSaveFile 的"Click"事件代码如下：

```csharp
//保存解密后明文到文件
private void btnDecryptionSaveFile_Click(object sender, EventArgs e)
{
    SaveFileDialog SFD =new SaveFileDialog();
    SFD.InitialDirectory ="C:\\Documents and Settings\\"+
            System.Environment.UserName +"\\桌面\\";
    SFD.Filter ="文本文件(*.txt)|*.txt";
    if(SFD.ShowDialog()== DialogResult.OK)
    {
        FileStream fileStream =new FileStream(SFD.FileName, FileMode.Create);
        StreamWriter streamWriter =new StreamWriter(fileStream, Encoding.Default);
        try
        {
            streamWriter.Write(rtbDecryptionTarget.Text.Trim().ToString());
            streamWriter.Flush();
        }
        catch(Exception ex)
        {
            MessageBox.Show(ex.ToString());
        }
        finally
```

```
            {
                streamWriter.Close();
                fileStream.Close();
            }
            MessageBox.Show("文件保存成功!");
        }
    }
```

6.3 防伪认证与版权保护功能设计与实现

数字水印(Digital Watermarking)技术是将一些标识信息(即数字水印)直接嵌入数字载体当中(包括多媒体、文档、软件等)或间接表示(修改特定区域的结构)，且不影响原载体的使用价值，也不容易被探知和再次修改，但可以被生产方识别和辨认。通过这些隐藏在载体中的信息，可以达到确认内容创建者、购买者、传送隐秘信息或者判断载体是否被篡改等目的。数字水印是保护信息安全、实现防伪溯源、版权保护的有效办法。

数字水印技术和隐蔽通信技术都属于信息隐藏研究的范畴。

本模块就是利用数字水印技术进行防伪认证，用户可以将一幅水印图片或文字嵌入到另一幅载体图片中，实现版权认证。

6.3.1 建立窗体

建立窗体的步骤如下：

(1) 在 Zhongdui_ERP 项目目录中新建文件夹"InformationHiding"，表示"信息隐藏"，本节数字水印和下节隐蔽通信模块的相关代码和窗体就放在此文件夹下。

(2) 打开解决方案资源管理器窗口，在目录"InformationHiding"下添加新建项，新建窗体"FormWaterMarking"，设置该窗体"Text"属性为"数字水印"。

(3) 选中"FormWaterMarking"窗体，在其上添加控件，效果如图 6-6 所示，其名字和含义如表 6-4 所示。

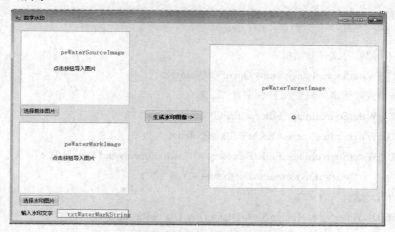

图 6-6 数字水印窗体界面设计

表 6-4 数字水印窗体界面控件信息

控件类型	Name属性	输入信息含义
PictureEdit	peWaterSourceImage	载体图片
PictureEdit	peWaterMarkImage	待嵌入的水印图片
PictureEdit	peWaterTargetImage	嵌入水印后的载体图片
Button	btnSelectSourceImage	选择载体图片
Button	btnSelectMarkImage	选择待嵌入水印图片
Button	btnWaterMark	开始嵌入水印
TextBox	txtWaterMarkString	需嵌入的水印文字

6.3.2 嵌入水印

嵌入水印的步骤如下：

(1) 编辑 FormWaterMarking 窗体类成员变量。在 FormWaterMarking.cs 中定义两个打开对话框对象以方便调用。FormWaterMarking 类部分代码如下：

```
public partial class FormWaterMarking : Form
{
    //嵌入水印时打开载体图片对话框
    OpenFileDialog DlgWaterSourceImage;
    //嵌入水印时打开水印图片对话框
    OpenFileDialog DlgWaterMarkImage;
    //********//
```

(2) 编辑"选择载体图片"按钮 btnSelectSourceImage 点击事件。当用户点击此按钮时，会弹出一个对话框用于选取图片，并且将选取的图片显示在 peWaterSourceImage 控件中。btnSelectSourceImage 的"Click"事件代码如下：

```
//选择载体图片
private void btnSelectSourceImage_Click(object sender, EventArgs e)
{
    //新建打开文件对话框
    DlgWaterSourceImage =new OpenFileDialog();
    //设置过滤器，只选择 JPG 图像
    DlgWaterSourceImage.Filter ="JPEG 文件(*.*)|*.JPG";
    DlgWaterSourceImage.CheckFileExists =true;
    DlgWaterSourceImage.InitialDirectory ="C:\\Documents and Settings\\"+
        System.Environment.UserName +"\\桌面\\";
    //用户选择文件
    if (DlgWaterSourceImage.ShowDialog()== DialogResult.OK)
    {
```

```csharp
//生成 Image 对象
Image image = Image.FromFile(DlgWaterSourceImage.FileName);
//建立位图 Bitmap
Image bmpImage =new Bitmap(image);
//将该图片显示在界面上
peWaterSourceImage.Image = bmpImage;
//释放 Image
image.Dispose();
    }
}
```

(3) 编辑"选择水印图片"按钮 btnSelectMarkImage 点击事件。当用户点击此按钮时，会弹出一个对话框用于选取图片，并且将选取的图片显示在 peWaterMarkImage 控件中。btnSelectMarkImage 的"Click"事件代码如下：

```csharp
//选择水印图片
private void btnSelectMarkImage_Click(object sender, EventArgs e)
{
    //新建打开文件对话框
    DlgWaterMarkImage =new OpenFileDialog();
    //设置过滤器，只选择 JPG 图像
    DlgWaterMarkImage.Filter ="JPEG 文件(*.*)|*.JPG";
    DlgWaterMarkImage.CheckFileExists =true;
    DlgWaterMarkImage.InitialDirectory ="C:\\Documents and Settings\\"+
        System.Environment.UserName +"\\桌面\\";
    //用户选择文件
    if (DlgWaterMarkImage.ShowDialog()== DialogResult.OK)
    {
        //生成 Image 对象
        Image image = Image.FromFile(DlgWaterMarkImage.FileName);
        //建立位图 Bitmap
        Image bmpImage =new Bitmap(image);
        //将该图片显示在界面上
        peWaterMarkImage.Image = bmpImage;
        //释放 Image
        image.Dispose();
    }
}
```

(4) 编辑"生成水印图像"按钮 btnWaterMark 点击事件。当用户点击此按钮时，获取载体图像和水印图像以及拟其嵌入的水印文字(可为空)，按照一定的算法进行水印嵌入。btnWaterMark 的"Click"事件代码如下：

```csharp
//开始嵌入水印
private void btnWaterMark_Click(object sender, EventArgs e)
{
    //获得载体图像文件名
    string strSourecFilename = DlgWaterSourceImage.FileName.ToString();
    //获得目标图像文件名,即可将保存的文件名
    string strTargetFilename = strSourecFilename.Substring(0, strSourecFilename.Length -4)
+"_Watermark.jpg";
    //如果目标文件存在,则先删除
    if (File.Exists(strTargetFilename))
    {
        //设置文件的属性为正常,这是为了防止文件是只读
        File.SetAttributes(strTargetFilename, FileAttributes.Normal);
        File.Delete(strTargetFilename);    //删除
    }
    try
    {
        //调用 BuildWatermark 方法嵌入水印
        BuildWatermark(strSourecFilename, DlgWaterMarkImage.FileName.ToString(),
            txtWaterMarkString.Text.ToString().Trim(), strTargetFilename);
    }
    catch (Exception ex)
    {
        MessageBox.Show(ex.ToString());
    }
    MessageBox.Show("嵌入成功,文件保存在"+ strTargetFilename);
    peWaterTargetImage.Image =null;
    //生成 Image 对象
    Image image = Image.FromFile(strTargetFilename);
    Image bmpImage =new Bitmap(image);
    //将生成的含水印载体图像显示在界面上
    peWaterTargetImage.Image = bmpImage;
    image.Dispose();
}
```

其中 BuildWatermark 方法为自定义的用于水印嵌入的方法,代码如下:

```csharp
/// <param name="rSrcImgPath">原始图片的物理路径</param>
/// <param name="rMarkImgPath">水印图片的物理路径</param>
/// <param name="rMarkText">水印文字(不显示水印文字设为空串)</param>
/// <param name="rDstImgPath">输出合成后的图片的物理路径</param>
```

```csharp
public void BuildWatermark(string rSrcImgPath, string rMarkImgPath, string rMarkText, string rDstImgPath)
{
    //以下(代码)从一个指定文件创建了一个 Image 对象,然后为它的 Width 和 Height 定义变量
    //这些长度待会被用来建立一个以 24 bit 每像素的格式作为颜色数据的 Bitmap 对象
    Image imgPhoto = Image.FromFile(rSrcImgPath);
    int phWidth = imgPhoto.Width;
    int phHeight = imgPhoto.Height;
    Bitmap bmPhoto = new Bitmap(phWidth, phHeight, PixelFormat.Format24bppRgb);
    bmPhoto.SetResolution(72,72);
    Graphics grPhoto = Graphics.FromImage(bmPhoto);
    //这个代码载入水印图片,水印图片已经被保存为一个 BMP 文件,以绿色(A=0, R=0, G=255, B=0)作为背景颜色
    Image imgWatermark = new Bitmap(rMarkImgPath);
    int wmWidth = imgWatermark.Width;
    int wmHeight = imgWatermark.Height;
    //以后所有的绘图都将发生在原来照片的顶部
    grPhoto.SmoothingMode = SmoothingMode.AntiAlias;
    grPhoto.DrawImage(
            imgPhoto,
            new Rectangle(0,0, phWidth, phHeight),
            0,
            0,
            phWidth,
            phHeight,
            GraphicsUnit.Pixel);
    //为了最大化版权信息的大小,我们将测试 7 种不同的字体大小来决定我们能为该照片宽度使用的可能的最大大小
    //一旦决定了可能的最大大小,我们就退出循环,绘制文本
    int[] sizes = new int[]{16,14,12,10,8,6,4};
    Font crFont = null;
    SizeF crSize = new SizeF();
    for (int i =0; i <7; i++)
    {
        crFont = new Font("arial", sizes[i],
                    FontStyle.Bold);
        crSize = grPhoto.MeasureString(rMarkText,
                    crFont);
        if ((ushort)crSize.Width <(ushort)phWidth)
```

                break;
}
//因为所有的照片都有各种各样的高度，所以就决定了从图象底部开始的 5%的位置开始
//使用 rMarkText 字符串的高度来决定绘制字符串合适的 Y 坐标轴
//通过计算图像的中心来决定 X 轴，然后定义一个 StringFormat 对象，设置 StringAlignment 为 Center

```
int yPixlesFromBottom =(int)(phHeight *.05);
float yPosFromBottom =((phHeight -
        yPixlesFromBottom)-(crSize.Height /2));
float xCenterOfImg =(phWidth /2);
StringFormat StrFormat =new StringFormat();
StrFormat.Alignment = StringAlignment.Center;
```

//现在我们已经有了所有所需的位置坐标来使用 60%黑色的一个 Color(alpha 值 153)创建一个 SolidBrush
//在偏离右边 1 像素、底部 1 像素的合适位置绘制版权字符串
//这段偏离将用来创建阴影效果。使用 Brush 重复此过程，在前一个绘制的文本顶部绘制同样的文本

```
SolidBrush semiTransBrush2 =
        new SolidBrush(Color.FromArgb(153,0,0,0));
grPhoto.DrawString(rMarkText,
        crFont,
        semiTransBrush2,
        new PointF(xCenterOfImg +1, yPosFromBottom +1),
        StrFormat);
SolidBrush semiTransBrush =new SolidBrush(
        Color.FromArgb(153,255,255,255));
grPhoto.DrawString(rMarkText,
        crFont,
        semiTransBrush,
        new PointF(xCenterOfImg, yPosFromBottom),
        StrFormat);
```

//根据前面修改后的照片创建一个 Bitmap。把这个 Bitmap 载入到一个新的 Graphic 对象

```
Bitmap bmWatermark =new Bitmap(bmPhoto);
bmWatermark.SetResolution(
        imgPhoto.HorizontalResolution,
        imgPhoto.VerticalResolution);
Graphics grWatermark =
        Graphics.FromImage(bmWatermark);
```

//通过定义一个 ImageAttributes 对象并设置它的两个属性，我们就实现了两个颜色的处理，达到了半透明的水印效果

//处理水印图像的第一步是把背景图案变为透明的(Alpha=0, R=0, G=0, B=0)。我们使用一个 Colormap 和定义一个 RemapTable 来进行

//就像前面展示的，这里的水印被定义为 100%绿色背景，我们将搜到这个颜色，然后取代为透明

```
ImageAttributes imageAttributes =
        new ImageAttributes();
ColorMap colorMap =new ColorMap();
colorMap.OldColor = Color.FromArgb(255,0,255,0);
colorMap.NewColor = Color.FromArgb(0,0,0,0);
ColorMap[] remapTable ={ colorMap };
```

//第二个颜色处理用来改变水印的不透明性

//通过设定第三行、第三列为 0.3f 就达到了一个不透明的水平。结果是水印会轻微地显示在图像底下一些

```
imageAttributes.SetRemapTable(remapTable,
        ColorAdjustType.Bitmap);
float[][] colorMatrixElements ={
            new float[]{1.0f,0.0f,0.0f,0.0f,0.0f},
            new float[]{0.0f,1.0f,0.0f,0.0f,0.0f},
            new float[]{0.0f,0.0f,1.0f,0.0f,0.0f},
            new float[]{0.0f,0.0f,0.0f,0.3f,0.0f},
            new float[]{0.0f,0.0f,0.0f,0.0f,1.0f}
        };
ColorMatrix wmColorMatrix =new
        ColorMatrix(colorMatrixElements);
imageAttributes.SetColorMatrix(wmColorMatrix,
        ColorMatrixFlag.Default,
        ColorAdjustType.Bitmap);
```

//随着两个颜色处理加入到 imageAttributes 对象，我们现在就能在照片右手边上绘制水印了

//我们会偏离 10 像素到底部，10 像素到左边

```
int markWidth;
int markHeight;
```

//mark 比原来的图宽

```
if(phWidth <= wmWidth)
{
    markWidth = phWidth -10;
    markHeight =(markWidth * wmHeight)/ wmWidth;
```

```
        }
        elseif (phHeight <= wmHeight)
        {
            markHeight = phHeight -10;
            markWidth =(markHeight * wmWidth)/ wmHeight;
        }
        else
        {
            markWidth = wmWidth;
            markHeight = wmHeight;
        }
        int xPosOfWm =((phWidth - markWidth)-10);
        int yPosOfWm =10;
        grWatermark.DrawImage(imgWatermark,
            new Rectangle(xPosOfWm, yPosOfWm, markWidth,
            markHeight),
            0,
            0,
            wmWidth,
            wmHeight,
            GraphicsUnit.Pixel,
            imageAttributes);
        //最后的步骤是使用新的 Bitmap 取代原来的 Image。销毁两个 Graphic 对象，然后
把 Image 保存到文件系统
        imgPhoto = bmWatermark;
        grPhoto.Dispose();
        grWatermark.Dispose();
        imgPhoto.Save(rDstImgPath, ImageFormat.Jpeg);
        imgPhoto.Dispose();
        imgWatermark.Dispose();
}
```

（5）将本窗体与主窗体的"水印与版权保护"菜单关联。编辑主窗体"水印与版权保护"菜单项点击事件代码如下：

```
        //"水印与版权保护"菜单项
        private void toolStripButton3_Click(object sender, EventArgs e)
        {
            //生成水印窗体
            FormWaterMarking formWaterMarking =new FormWaterMarking();
            //设置父窗体
```

formWaterMarking.MdiParent =this;
formWaterMarking.Show();
}

数字水印功能的运行效果如图 6-7 所示。

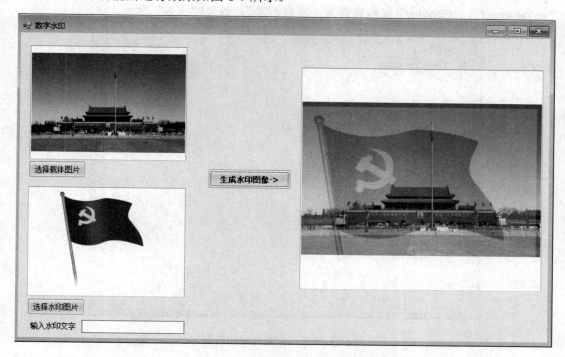

图 6-7 数字水印功能的运行效果

6.4 多媒体隐蔽通信设计与实现

隐蔽通信也叫隐写术，是一门关于信息隐藏的技巧与科学，指的是不让除预期的接收者之外的任何人知晓信息的传递事件或者信息的内容。密码学强调内容本身的保密，而隐蔽通信则强调通信行为的保密，两者都是信息安全领域的重要保密手段。

隐蔽通信模块中，用户登录以后，可以将文本信息嵌入在图像媒体中，接收方收到以后可以从看似正常的图片中提取出其嵌入的秘密信息，从而实现保密通信。

6.4.1 建立窗体

建立窗体的步骤如下：

(1) 打开解决方案资源管理器窗口，在目录"InformationHiding"下添加新建项，新建窗体"FormSteganography"（Steganography 的含义为隐写，即隐蔽通信），设置该窗体"Text"属性为"隐蔽通信"。

(2) 在 FormSteganography 窗体上添加"TabPane"控件，生成 tabPane1 对象，设置 tabPane1 的"Dock"属性为"Fill"。

(3) tabPane1 对象默认有两个页面：其中一个页面的"Name"属性设置为"pageEmbed"，"Caption"属性设置为"嵌入消息"；另一个页面的"Name"属性设置为"pageExtract"，"Caption"属性设置为"提取消息"。效果如图 6-8 所示。

图 6-8 隐蔽通信窗体设计效果

(4) 将本窗体与主窗体的"隐蔽通信"菜单关联。编辑"隐蔽通信"菜单项点击事件代码如下：

```
//"加解密"菜单项
private void toolStripButton4_Click(object sender, EventArgs e)
{
    //生成隐蔽通信窗体
    FormSteganography formSteganography =new FormSteganography();
    //设置父窗体
    formSteganography.MdiParent =this;
    formSteganography.Show();
}
```

6.4.2 信息嵌入功能

隐蔽通信中的信息嵌入功能的主要流程是，用户先选择载体图片文件，然后输入需嵌入的信息，并根据一定的算法将其嵌入到载体图片中。

(1) 选中"pageEmbed"页面，在其上添加控件，效果如图 6-9 所示，其名字和含义如表 6-5 所示。

第 6 章　安全性设计与实现

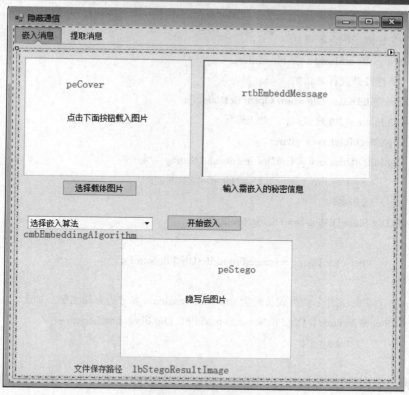

图 6-9　信息嵌入界面设计

表 6-5　信息嵌入界面控件信息

控件类型	Name属性	输入信息含义
PictureEdit	peCover	载体图片
PictureEdit	peStego	隐写后载体图片
RichTextBox	rtbEmbeddMessage	需嵌入的信息
ComboBoxEdit	cmbEmbeddingAlgorithm	选择嵌入算法，在"Items"属性中增加一项"LSB"，表示LSB嵌入算法
Button	btnSelectCover	选择载体图片
Button	btnEmbedding	开始嵌入
Label	lbStegoResultImage	用于显示隐写后载体的保存路径

(2) 编辑"选择载体图片"按钮 btnSelectCover 点击事件。当用户点击此按钮时，会弹出一个对话框用于选取文件，将选取图片显示在 peCover 控件中，并且根据原载体文件名获取隐写后载体文件名放在类的成员变量 strStegoFilename 中(需要在 FormSteganography 类中增加成员变量定义"string strStegoFilename = string.Empty;")。btnSelectCover 的"Click"事件代码如下：

```
//选择载体图片按钮
private void btnSelectCover_Click(object sender, EventArgs e)
```

```csharp
{
    //先让提示信息不可见
    lbStegoResultImage.Visible = false;
    //新建打开文件对话框
    OpenFileDialog Dlg = new OpenFileDialog();
    Dlg.Filter = "JPEG 文件(*.*)|*.JPG";
    Dlg.CheckFileExists = true;
    Dlg.InitialDirectory = "C:\\Documents and Settings\\" +
        System.Environment.UserName + "\\桌面\\";
    //用户选择文件
    if (Dlg.ShowDialog() == DialogResult.OK)
    {
        peCover.Image = Image.FromFile(Dlg.FileName);
    }
    //保存目标文件名到类成员变量 strStegoFilename，名字为在原名字上加上"_stego"
    strStegoFilename = Dlg.FileName.Substring(0, Dlg.FileName.Length -4) +
        "_stego.jpg";
}
```

(3) 编辑"开始嵌入"按钮 btnEmbedding 点击事件。当用户点击此按钮时，根据秘密信息、载体图片、嵌入算法进行嵌入。btnEmbedding 的"Click"事件代码如下：

```csharp
//开始嵌入按钮
private void btnEmbedding_Click(object sender, EventArgs e)
{
    lbStegoResultImage.Visible = false;        //先让提示信息不可见
    //检查输入信息是否合法
    if (rtbEmbeddMessage.Text.Equals(""))
    {
        MessageBox.Show("输入需嵌入的秘密消息");
        return;
    }
    if (cmbEmbeddingAlgorithm.SelectedIndex == -1)
    {
        MessageBox.Show("选择嵌入算法");
        return;
    }
    Bitmap cover = (Bitmap)peCover.Image;      //获取载体图片的 Bitmap 对象
    //将字符串形式的秘密信息转换为二进制形式的秘密信息
    string strMessage = Str2BinaryStr(rtbEmbeddMessage.Text.Trim().ToString());
    long lenMessage = strMessage.Length;       //消息长度
```

```csharp
//判断消息是否超出最大嵌入容量
if (lenMessage > cover.Height * cover.Width)
{
        MessageBox.Show("消息长度大于载体的最大嵌入量！");
        return;
}
//分别表示图片 RGB 分量
int[,] R =null;
int[,] G =null;
int[,] B =null;
bool isOk =false;
if (isOk = GetRGB(cover,out R,out G,out B))
        //获取载体图像的 RGB 值到 R、G、B 三个分量中
{
        //图像的宽度和高度
        int width = cover.Width;
        int height = cover.Height;
        int index =0;
        //便于整个图像像素逐个嵌入
        for (int y =0; y < height; y++)
        {
                if (index >=(lenMessage -1))break;        //表示消息嵌入完毕
                for (int x =0; x < width; x++)
                {
                        //lsb 嵌入，最低位相符则不变，不相符则加 1
                        //将消息嵌入在 R 分量，48 为'1'与 1 的 ASCII 码差值
                        if (R[y, x]%2!=(strMessage[index]-48))
                        {
                                R[y, x]++;
                                if (R[y, x]>255)   //如果超出范围则往下减
                                {
                                        R[y, x]-=2;
                                }
                        }
                        if (index >=(lenMessage -1))break;   //消息嵌入完毕
                        index++;
                }
        }
}
```

```csharp
else
{
    MessageBox.Show("获取图像 RGB 数据时出错！");
}
//以下将消息长度信息保存在 B 分量的开始 24 个像素中
//将十进制转为二进制
string msgLenBit = System.Convert.ToString(lenMessage,2);
//左边加 0，以补充到 24bit
msgLenBit = msgLenBit.PadLeft(24,'0');
for (int i =0; i <24; i++)
{
    //将消息长度嵌入在 B 分量，48 为'1'与 1 的 ASCII 码差值，只需要用到 24 个像素
    if (B[1, i]%2!=(msgLenBit[i]-48))
    {
        B[1, i]++;
        if (B[1, i]>255)          //如果超出范围则往下减
        {
            B[1, i]-=2;
        }
    }
}
//从 RGB 分量构建图像
Bitmap stegoBitmap = FromRGB(R, G, B);
//保存到本地磁盘，将该图片传递给接收方可实现隐蔽通信
stegoBitmap.Save(strStegoFilename);
lbStegoResultImage.Visible =true;
lbStegoResultImage.Text ="图片保存在:"+ strStegoFilename;    //显示提示信息
peStego.Image = stegoBitmap;       //显示到 stego 窗体中
}
```

以上涉及 3 个自定义的方法：Str2BinaryStr、GetRGB 和 FromRGB。其中 Str2BinaryStr 将普通字符串转换为二进制的字符串，以适应信息嵌入；GetRGB 为根据图像获取 R、G、B 3 个颜色分量；FromRGB 则是根据 3 个颜色分量构建图像。

Str2BinaryStr 方法代码如下：

```csharp
//将字符串转成二进制
public static string Str2BinaryStr(string s)
{
    //将字符串首先转换为字节数组
    byte[] data = Encoding.Unicode.GetBytes(s);
    //新建一个长度为 8 倍原长度的可变字符串 StringBuilder
```

```csharp
StringBuilder result =new StringBuilder(data.Length *8);
//循环，逐个转换
foreach (byte b in data)
{
        result.Append(Convert.ToString(b,2).PadLeft(8,'0'));
}
return result.ToString();
}
```

GetRGB 方法代码如下：

```csharp
//获得源图像的 RGB 值，输入参数为 Bitmap 类型的图像和用于存放 R、G、B 分量的参数
public bool GetRGB(Bitmap Source,out int[,] R,out int[,] G,out int[,] B)
{
    try
    {
        //图像尺寸
        int iWidth = Source.Width;
        int iHeight = Source.Height;
        //新建一个方形
        Rectangle rect =new Rectangle(0,0, iWidth, iHeight);
        //将 Source 锁定到内存中
        System.Drawing.Imaging.BitmapData bmpData = Source.LockBits(rect,
            System.Drawing.Imaging.ImageLockMode.ReadWrite, Source.PixelFormat);
        IntPtr iPtr = bmpData.Scan0;
        int iBytes = iWidth * iHeight *3;
        //所有像素数组，包含 3 个分量
        byte[] PixelValues =new byte[iBytes];
        System.Runtime.InteropServices.Marshal.Copy(iPtr, PixelValues,0, iBytes);
        Source.UnlockBits(bmpData);
        //实例化 R、G、B
        R =new int[iHeight, iWidth];
        G =new int[iHeight, iWidth];
        B =new int[iHeight, iWidth];
        int iPoint =0;
        //为 R、G、B 赋值
        for (int i =0; i < iHeight; i++)
        {
            for (int j =0; j < iWidth; j++)
            {
                B[i, j]= Convert.ToInt32(PixelValues[iPoint++]);
```

```
                        G[i, j]= Convert.ToInt32(PixelValues[iPoint++]);
                        R[i, j]= Convert.ToInt32(PixelValues[iPoint++]);
                    }
                }
                return true;
            }
            catch(Exception)
            {
                R =null;
                G =null;
                B =null;
                return false;
            }
        }
```

FromRGB 方法代码如下：

```
//根据 RGB 值得到图像
public static Bitmap FromRGB(int[,] R, int[,] G, int[,] B)
{
    int iWidth = G.GetLength(1);
    int iHeight = G.GetLength(0);
    //构建一个空的图像
    Bitmap Result = new Bitmap(iWidth, iHeight,
    System.Drawing.Imaging.PixelFormat.Format24bppRgb);
    //新建一个方形
    Rectangle rect = new Rectangle(0, 0, iWidth, iHeight);
    System.Drawing.Imaging.BitmapData bmpData = Result.LockBits(rect,
    System.Drawing.Imaging.ImageLockMode.ReadWrite,
    System.Drawing.Imaging.PixelFormat.Format24bppRgb);
    IntPtr iPtr = bmpData.Scan0;
    int iStride = bmpData.Stride;
    int iBytes = iWidth * iHeight * 3;
    byte[] PixelValues = new byte[iBytes];
    int iPoint = 0;
    //将 R、G、B 复制给 PixelValues 字节数组
    for (int i = 0; i < iHeight; i++)
        for (int j = 0; j < iWidth; j++)
        {
            int iG = G[i, j];
            int iB = B[i, j];
```

```
                int iR = R[i, j];
                PixelValues[iPoint] = Convert.ToByte(iB);
                PixelValues[iPoint + 1] = Convert.ToByte(iG);
                PixelValues[iPoint + 2] = Convert.ToByte(iR);
                iPoint += 3;
            }
            System.Runtime.InteropServices.Marshal.Copy(PixelValues, 0, iPtr, iBytes);
            Result.UnlockBits(bmpData);
            return Result;
        }
```

信息嵌入功能的运行效果如图 6-10 所示，可以看到图片在嵌入信息后，图片的视觉效果没有受到影响，将此图片传输给接收方通常不会引起第三方的注意，从而达到隐蔽通信的目的。

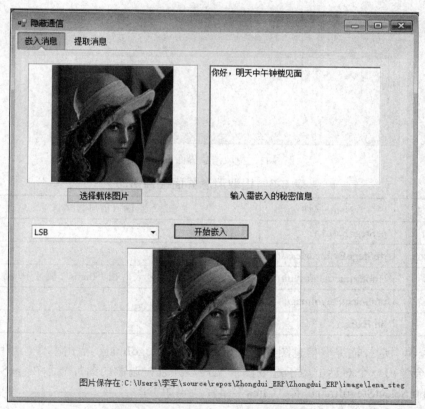

图 6-10　隐蔽通信中信息嵌入功能的运行效果

6.4.3　信息提取功能

秘密信息提取功能的主要流程是，用户先选择隐藏了秘密信息的图像，然后选择提取算法，将其秘密信息提取出来。

(1) 选中 "pageExtract" 页面，在其上添加控件，效果如图 6-11 所示，其名字和含义如表 6-6 所示。

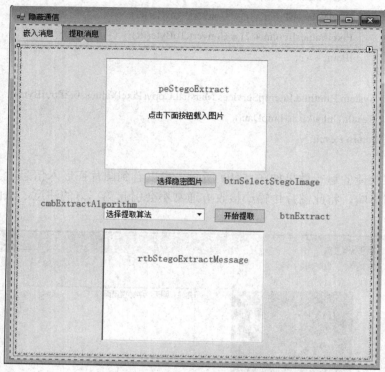

图 6-11 提取消息界面设计效果

表 6-6 提取消息界面控件信息

控件类型	Name属性	输入信息含义
PictureEdit	peStegoExtract	隐密图片
RichTextBox	rtbStegoExtractMessage	提取出的秘密信息
CombBox	cmbExtractAlgorithm	提取秘密信息算法列表，在 "Items" 属性中增加LSB算法
Button	btnSelectStegoImage	选择隐密图片
Button	btnExtract	开始解密

(2) 编辑 "选择需提取信息图片" 按钮 btnSelectStegoImage 点击事件。当用户点击此按钮时，会弹出一个对话框用于选取图片文件，并且将选取的图片显示在 peStegoExtract 控件中。btnSelectStegoImage 的 "Click" 事件代码如下：

```csharp
//选择需提取信息的隐密图片
private void btnSelectStegoImage_Click(object sender, EventArgs e)
{
    OpenFileDialog Dlg = new OpenFileDialog();
    Dlg.Filter = "JPEG 文件(*.*)|*.JPG";
    Dlg.CheckFileExists = true;
```

```csharp
        Dlg.InitialDirectory ="C:\\Documents and Settings\\"+
            System.Environment.UserName +"\\桌面\\";
        //用户选择图片文件
        if (Dlg.ShowDialog()== DialogResult.OK)
        {
            peStegoExtract.Image = Image.FromFile(Dlg.FileName);
        }
    }
```

(3) 编辑"开始提取"按钮 btnExtract 点击事件。当用户点击该按钮时，根据隐密图片、提取算法进行信息提取。btnExtract 的 "Click" 事件代码如下：

```csharp
//提取隐密图片中嵌入的秘密信息
private void btnExtract_Click(object sender, EventArgs e)
{
    //检查用户输入合法性
    if (peStegoExtract.Image.Equals(null))
    {
        MessageBox.Show("请选择隐密图片！");
        return;
    }
    if (cmbExtractAlgorithm.SelectedIndex ==-1)
    {
        MessageBox.Show("请选择提取算法！");
        return;
    }
    //从 peStegoExtract 中获取图片对象
    Bitmap stego =(Bitmap)peStegoExtract.Image;     //载密图片
    int[,] R =null;     //分表表示 RGB 分量
    int[,] G =null;
    int[,] B =null;
    string msgLenBit =string.Empty;      //消息长度
    string msgExtractBit =string.Empty;  //提取出的消息 bit
    string msgExtract =string.Empty;     //提取出的消息
    //获取图像的 R、G、B 三个分量
    bool isOk = GetRGB(stego,out R,out G,out B);
    if (isOk)    //获取 RGB 值
    {
        //以下将消息长度信息提取出来(保存在 B 分量的开始 24 个像素中)
        for (int i =0; i <24; i++)
        {
```

```csharp
                msgLenBit = msgLenBit +(B[1, i]%2);
            }
            long msgLen = Convert.ToInt64(msgLenBit,2);
            //图像大小
            int width = stego.Width;
            int height = stego.Height;
            int index =0;
            //遍历整个图像，逐个提取消息，当提取长度达到嵌入长度时结束
            for (int y =0; y < height; y++)
            {
                if (index >=(msgLen -1))break;   //消息提取完毕
                for (int x =0; x < width; x++)
                {
                    msgExtractBit = msgExtractBit +(R[y, x]%2);
                    if(index >=(msgLen -1))break;   //消息提取完毕
                    index++;
                }
            }
            //将 bit 消息转为字符串
            msgExtract = BinaryStr2Str(msgExtractBit);
            //将提取的消息显示在界面上
            rtbStegoExtractMessage.Text = msgExtract;
    }
    else
    {
        MessageBox.Show("提取图像 RGB 数据时出错！");
    }
}
```

其中涉及一个自定义的方法 BinaryStr2Str，其功能是将二进制形式的字符串转换为普通的 ACSII 字符串，与前面提到的 BinaryStr2Str 方法功能相反。

BinaryStr2Str 方法代码如下：

```csharp
//将二进制形式的字符串转成普通 ASCII 字符串
public string BinaryStr2Str(string s)
{
    System.Text.RegularExpressions.CaptureCollection cs =
        System.Text.RegularExpressions.Regex.Match(s, @"([01]{8})+").Groups[1].Captures;
    byte[] data =new byte[cs.Count];
    for (int i =0; i < cs.Count; i++)
    {
```

            data[i]= Convert.ToByte(cs[i].Value,2);
    }
        return Encoding.Unicode.GetString(data,0, data.Length);
    }

提取消息功能的运行效果如图 6-12 所示，可以看到选择正确的隐密图片和解密算法后可以正确提取出秘密信息，从而达到了隐蔽通信的目的。

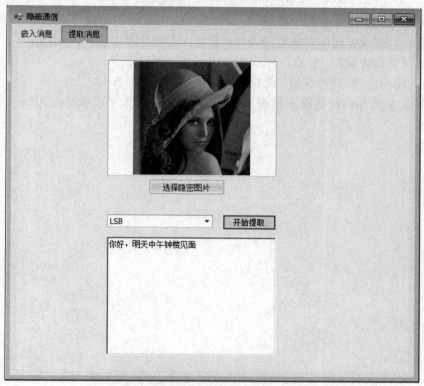

图 6-12　提取消息功能的运行效果

参 考 文 献

[1] 周贺来. 管理信息系统. 北京：中国人民大学出版社，2012.
[2] 明日科技. C# 精彩编程 200 例. 长春：吉林大学出版社，2017.
[3] 朱兴亮，庄致. C# 面向对象程序设计. 北京：人民交通出版社，2015.
[4] Nagel C. C# 高级编程. 北京：清华大学出版社，2017.
[5] 殷人昆. 实用软件工程. 3 版. 北京：清华大学出版社，2012.
[6] 明日科技. SQL Server 数据库管理与开发. 长春：吉林大学出版社，2016.